まえがき

新学習指導要領の改訂により、小学校で学ぶ内容は英語なども加わり多岐にわたるようになりました。しかし、算数や国語といった教科の大切さは変わりません。

そして、算数の力を身につけるためには、学校の授業で学んだことを「くり返し学習する」ことが大切です。ただ、学校では学ぶことはたくさんあるけれど、学習時間は限られているため、家庭での取り組みが一層大切になってきます。

ロングセラーをさらに使いやすく

本書「陰山ドリル　初級算数」は、算数の基礎基本が身につくドリルです。

長年、小学生や保護者の皆さんに支持されてきました。それは、「家庭」で「くり返し」、「取り組みやすい」よう工夫されているからです。

今回、指導要領の改訂に合わせ、内容の更新を行うとともに、さらに新しい工夫を加えています。

陰山ドリル初級算数のポイント

・図などを用いた「わかりやすい説明」
・「なぞり書き」で学習をサポート
・大切な単元には理解度がわかる「まとめ」つき

つまずきを少なくすることで「算数の苦手意識」をなくし、できたという「達成感」が得られるようになります。

本書が、お子様の学力育成の一助になれば幸いです。

陰山英男・桝谷雄三

もくじ

整　数 (1)

月　　日

２でわり切れる整数を **偶数**（ぐうすう）、２でわり切れない整数を **奇数**（きすう） といいます。

ア

2÷2＝1

4÷2＝2

6÷2＝3

8÷2＝4

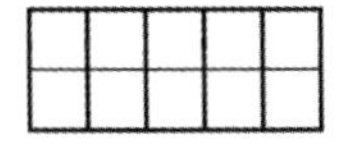
10÷2＝5

12÷2＝6

イ

1÷2＝0あまり1

3÷2＝1あまり1

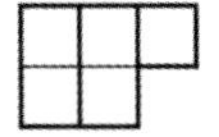
5÷2＝2あまり1

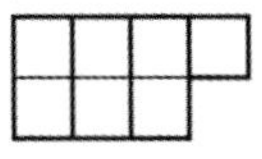
7÷2＝3あまり1

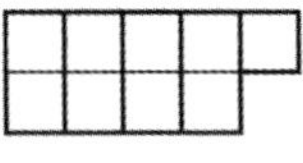
9÷2＝4あまり1

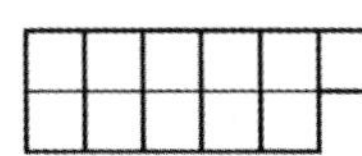
11÷2＝5あまり1

1　0～20までの整数を、偶数と奇数に分けてかきましょう。

偶数（0　　　　　　　　　　　　　　　　　　　　）

奇数（　　　　　　　　　　　　　　　　　　　　　）

2　次の整数が、偶数ならグ、奇数ならキを（　）にかきましょう。

① 29（　　）　② 30（　　）　③ 45（　　）

④ 68（　　）　⑤ 102（　　）　⑥ 200（　　）

⑦ 357（　　）　⑧ 1001（　　）

3　次の数が、偶数ならグ、奇数ならキを□にかきましょう。

①
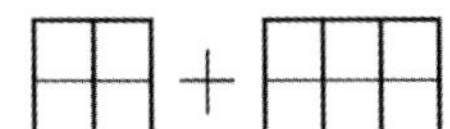

偶数＋偶数＝□

②

奇数＋奇数＝□

③

偶数＋奇数＝□

月　日

名前

整　数 (2) 倍数

２を整数倍（×１，×２，×３，…）してできる整数（２，４，６，…）を **２の倍数** といいます。
※　整数倍のとき，**×０**（かけるゼロ）はのぞきます。

２の倍数　２，４，６，８，10，12，14，16，18，20，…
３の倍数　３，６，９，12，15，18，21，24，27，30，…

1　２の倍数にも、３の倍数にもある数を３つかきましょう。

（　　　　　　　　）

２と３の共通な倍数を、２と３の **公倍数**（こうばいすう）といいます。

2　公倍数の中で、一番小さい公倍数を **最小公倍数**（さいしょうこうばいすう）といいます。
２と３の最小公倍数は、いくつですか。

（　　　　）

3　３と４の最小公倍数を見つけましょう。
３の倍数　３，６，９，12，15
４の倍数　４，８，12，16，20

（　　　　）

4　４と６の最小公倍数を見つけましょう。
４の倍数
６の倍数

（　　　　）

月　日
名前

整　数 (3) 倍数

最小公倍数の求め方　その１

２つの数をかける型（かた）

４と５の最小公倍数

① 1）4，5
② 　4　5

① ４と５をわることができる数を見つけます。…１

② ４÷１，５÷１の答えを下にかきます。

③ １×４×５の積（かけ算の答え）が、最小公倍数です。… 20

✿ 最小公倍数を求めましょう。

① 1）2，3 →（　　）
　　2　3

② 3，5 →（　　）

③ 2，5 →（　　）

④ 4，7 →（　　）

⑤ 5，6 →（　　）

⑥ 2，7 →（　　）

⑦ 6，7 →（　　）

⑧ 7，3 →（　　）

整　数 (4) 倍数

名前

最小公倍数の求め方　その２

一方の数になる型（かた）

３と６の最小公倍数

① 3) 3 , 6
② 　　1 　2

①　３と６をわることができる数を見つけます。…３

②　３÷３，６÷３の答えを下にかきます。

③　３×１×２の積が最小公倍数です。…６

✿　最小公倍数を求めましょう。

① 2) 2 , 4 →（　　）
　　　1 　2

② 4 , 12 →（　　）

③ 4 , 8 →（　　）

④ 9 , 3 →（　　）

⑤ 5 , 10 →（　　）

⑥ 12 , 6 →（　　）

⑦ 10 , 30 →（　　）

⑧ 3 , 15 →（　　）

整　数 (5) 倍数

名前　　月　　日

最小公倍数の求め方　その３

その他の型

４と６の最小公倍数

① 2) 4 , 6
② 2　3

① ４と６をわることができる数を見つけます。…２

② ４÷２，６÷２の答えを下にかきます。

③ ２×２×３の積が最小公倍数です。…12

✿ 最小公倍数を求めましょう。

① 6，9 →（　　）　② 6，8 →（　　）

③ 4，10 →（　　）　④ 8，12 →（　　）

⑤ 2) 12，16 →（　　）
2) 6　8
3　4

⑥ 2) 24，18 →（　　）
3) 12　9
4　3

⑦ 16，24 →（　　）　⑧ 18，27 →（　　）

月　　日

整　数 (6) 約数

名前

ある数をわり切ることができる整数を、その数の約数（やくすう）といいます。

1 12の約数について考えましょう。

12を1でわります。 ⋯⋯→ 12÷1＝12　わり切れます。

答えの12でも、わり切れますね。

12÷12＝1　わり切れます。

1 と 12 が約数です。

÷2，÷3と順に計算します。

①、②、③、④、~~5~~、⑥、~~7~~、~~8~~、~~9~~、~~10~~、~~11~~、⑫

約数を2つずつ見つけていきます。

12の約数　（　　　　　　　　　　　）

2 次の数の約数をかきましょう。

① 8の約数　（　　　　　　　　　　　）

② 9の約数　（　　　　　　　　　　　）

月　　日

整　数 (7) 約数

名前

✿ 次の数の約数を□の中にかきましょう。

① 15の約数 □ □ □ □

② 16の約数 □ □ □ □ □

③ 17の約数 □ □

④ 18の約数 □ □ □ □ □ □

⑤ 20の約数 □ □ □ □ □ □

⑥ 21の約数 □ □ □ □

⑦ 24の約数 □ □ □ □ □ □ □ □

⑧ 28の約数 □ □ □ □ □ □

整　数 (8) 約数

名前　　　　月　　日

8と12の約数について考えましょう。

8の約数　①、②、④、8

12の約数　①、②、3、④、6、12

1、2、4のように、8と12に共通な約数を、8と12の**公約数**（こうやくすう）といいます。

✿ 次の数の公約数を求めましょう。

① 10と15の公約数（　　　，　　　）

10の約数

15の約数

② 12と18の公約数（　　　，　　　，　　　，　　　）

12の約数

18の約数

③ 20と8の公約数（　　　，　　　，　　　）

20の約数

8の約数

月　日

整　数 (9) 約数

名前

公約数のうち、一番大きい数を **最大公約数**（さいだいこうやくすう） といいます。

1 24と12の最大公約数を求めましょう。

2) 24, 12
2) 12, 6
3) 6, 3
　 2　1

まず、÷2をします。また÷2をします。次に÷3をします。
2×2×3が最大公約数で
(　　　)になります。

2 最大公約数を求めましょう。

① 28 , 8

(　　　)

② 18 , 24

(　　　)

③ 9 , 27

(　　　)

④ 30 , 20

(　　　)

整数 まとめ (1)

月　日

名前

1 最小公倍数を求めましょう。 (各10点)

① 7, 14 →(　　)　② 6, 2 →(　　)

③ 10, 15 →(　　)　④ 12, 9 →(　　)

⑤ 10, 30 →(　　)　⑥ 12, 16 →(　　)

2 最大公約数を求めましょう。 (各10点)

① 8, 4 →(　　)　② 20, 30 →(　　)

③ 45, 25 →(　　)　④ 36, 27 →(　　)

点

月　日

整数 まとめ (2)

名前

1 次の数が偶数(ぐうすう)のときはグ、奇数(きすう)のときはキを(　)にかきましょう。 (各15点)

① 57(　　) ② 102(　　) ③ 99(　　) ④ 78(　　)

2 たて36cm、横48cmの長方形の紙があります。この紙をあまりがでないように、同じ大きさの正方形に切り分けます。このときできる一番大きい正方形の1辺の長さを求めましょう。 (20点)

答え

3 たて8cm、横6cmの長方形の紙をしきつめて、正方形を作ります。このときできる一番小さい正方形の1辺の長さを求めましょう。 (20点)

答え

点

数のしくみ (1)

月　日

名前

1，0.1，0.01，0.001の関係は次のようになっています。

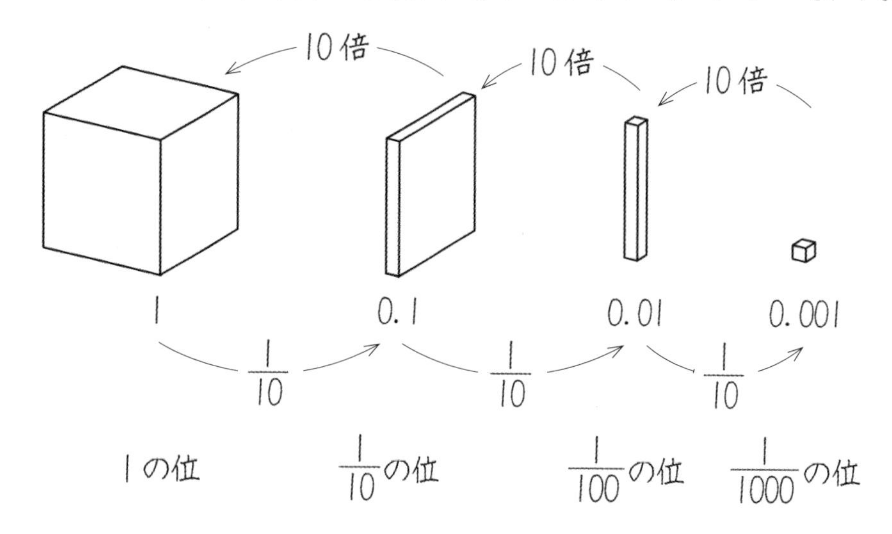

小数も整数と同じように10倍するごとに1けた大きな位になり、$\frac{1}{10}$するごとに1けた小さな位になっています。

1 （　）にあてはまる数をかきましょう。

① 3.14＝1×（ 3 ）＋0.1×（　　）＋0.01×（　　）

② 42.195は、
10を（　　）個と1を（　　）個と、0.1を（　　）個と
0.01を（　　）個と、0.001を（　　）個合わせた数です。

2 次の数の$\frac{1}{100}$の位の数字を（　）にかきましょう。

① 3.72（　　）　② 13.053（　　）

③ 0.016（　　）　④ 0.007（　　）

数のしくみ (2)

月　　日

名前

1 3.254の10倍、100倍、1000倍の数をかきましょう。

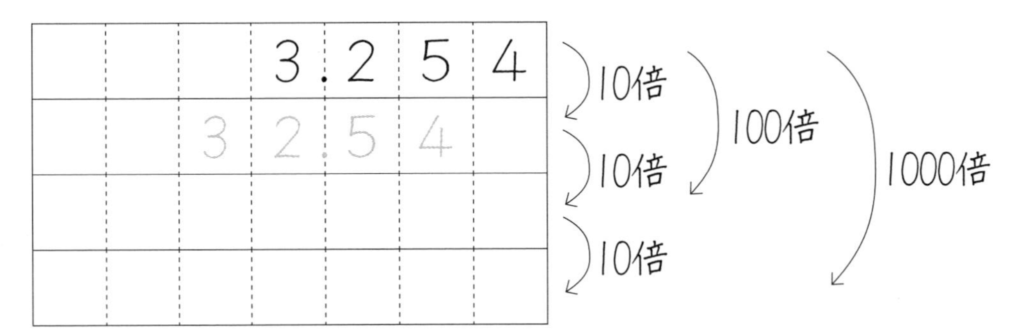

小数も整数と同じように、10倍すると位が1けた上がります。（小数点が1けた右に移(うつ)っています。）

2 □にあてはまる数をかきましょう。

① 3.57の10倍　□

② 6.073の100倍　□

③ 15.494の1000倍　□

④ 0.32×100　□

⑤ 0.195×1000　□

数のしくみ (3)

名前

1 325.4の$\frac{1}{10}$、$\frac{1}{100}$、$\frac{1}{1000}$の数をかきましょう。

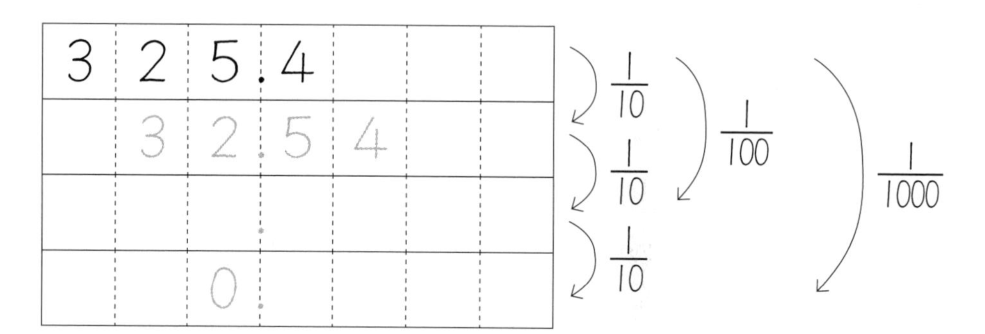

小数も整数と同じように、$\frac{1}{10}$にすると位が1けた下がります。（小数点が1けた左に移（うつ）っています。）

2 ☐にあてはまる数をかきましょう。

① 312.5の$\frac{1}{10}$　31.25

② 312.5の$\frac{1}{100}$　3.125

③ 3.6の$\frac{1}{10}$　☐

④ $258 \times \frac{1}{100}$　☐

⑤ $437.6 \times \frac{1}{1000}$　☐

小数のかけ算 (1)

名前　　　　月　　日

✿ 次の計算をしましょう。

① 4 × 5.7

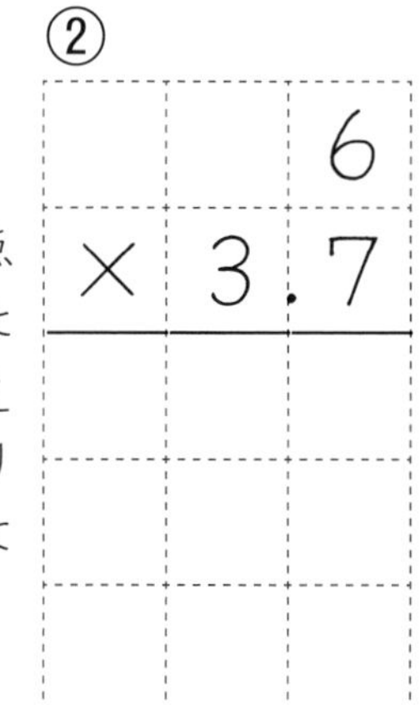

※問題の小数点以下は1けたなので、答えも小数点より右が1けたになります。

② 6 × 3.7

③ 8 × 4.3

④ 4.2 × 2.1

※問題の小数点以下は、2つの数であるので、答えも小数点より右が2けたになります。

⑤ 2.3 × 2.3

⑥ 3.1 × 3.2

⑦ 1.8 × 4.3

⑧ 1.7 × 4.5

⑨ 1.9 × 3.5

小数のかけ算 (2)

月　　日

名前

✿ 次の計算をしましょう。

①

　　4.7
×　7.9
―――――
　 4 2[6] 3
3 2[4] 9
―――――
3 7.1 3

②

　　1.9
×　6.7

③

　　6.8
×　9.6

④

　　9.4
×　9.8

⑤

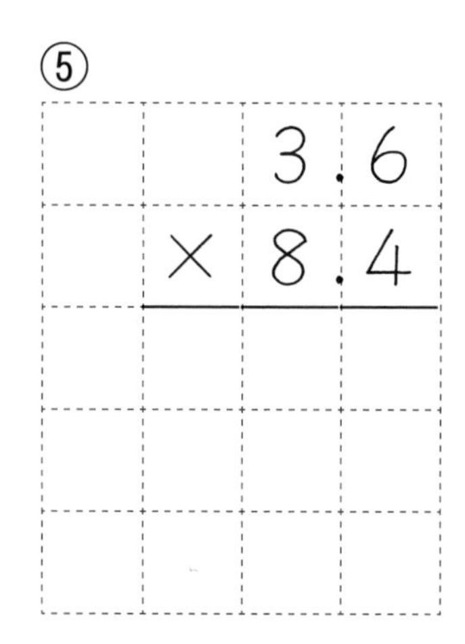

　　3.6
×　8.4

⑥

　　9.8
×　2.7

⑦

　　3.3
×　6.4

⑧

　　5.7
×　7.2

⑨

　　9.9
×　8.9

小数のかけ算 (3)

月　日 

名前

✿ 次の計算をしましょう。

①

		5	.4
	×	7	.5
	2	7²	0
3	7²	8	
4	0	.5	0̸

小数点があるとき右はしの0は消す。

②

		5	.5
	×	4	.8

③

		2	.5
	×	6	.2

④

		3	.6
	×	9	.5

⑤

		2	.5
	×	8	.4
	1	0²	0
2	0⁴	0	
2	1	.0̸	0̸

小数点と0は消す。

⑥

		7	.5
	×	4	.8

⑦

		4	.4
	×	2	.5

⑧

		7	.5
	×	2	.4

⑨

		3	.6
	×	7	.5

月　　日

小数のかけ算 (4)

名前

✿ 次の計算をしましょう。

① 8×0.7

答えがかけられる数より小さくなります。

② 5×0.3

③ 6×0.4

④ 12×0.6

⑤ 35×0.5

⑥ 47×0.2

⑦ $0.3 \times 0.6 = 0.18$

小数点より右のけた数が2つになるように、0と小数点をかきます。

⑧ 0.7×0.3

⑨ 0.8×0.6

⑩ 0.9×0.9

⑪ 0.6×0.2

月　日

小数のかけ算 (5)

名前

✿ 次の計算をしましょう。

① 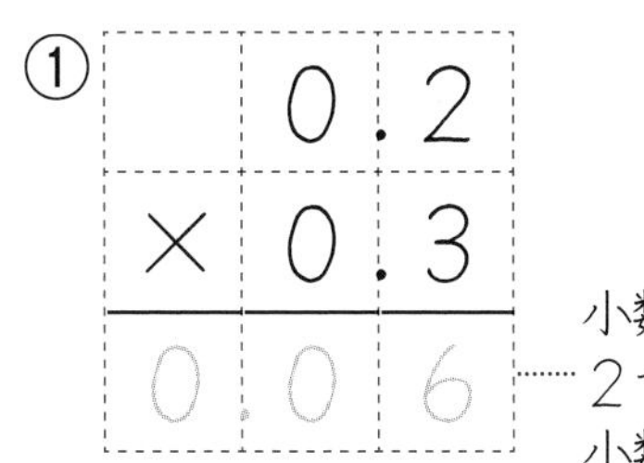

$0.2 \times 0.3 = 0.06$

小数点より右のけた数が2つになるように、0と小数点をかきます。

② 0.3×0.3

③ 0.4×0.2

④ 0.2×0.4

⑤ 0.3×0.2

⑥ $0.5 \times 0.6 = 0.30$

小数点より右のけた数が2つになるように、0と小数点をかきます。右はしの0を消します。

⑦ 0.4×0.5

⑧ 0.5×0.2

⑨ 0.5×0.8

⑩ 0.6×0.5

月　　日

小数のかけ算 まとめ

名前

次の計算をしましょう。　（①～⑥まで各10点、⑦⑧各20点）

①
	4	2
×	0.	8

②
	0.	7
×	0.	7

③
	0.	8
×	0.	5

④
	1.	6
×	4.	3

⑤
		6.	3
	×	5.	7

⑥
		8.	3
	×	5.	4

⑦
		8.	6
	×	7.	5

⑧
		6.	2
	×	6.	5

点

月　　日

小数のわり算 (1)

名前

1 26÷5.2の計算のしかたを考えましょう。

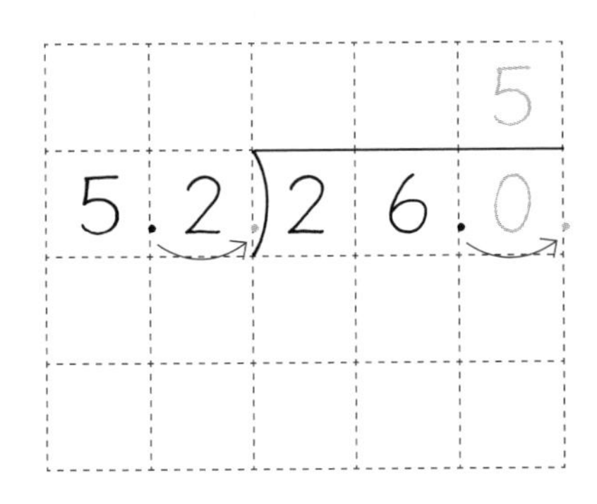

÷小数の計算は、今まで学習していません。5.2を整数にすれば、4年で学習した方法でできそうです。

5.2×10=52
26×10=260

・26÷5 を考えて、商に5をたてます。

・続きをしましょう。

2 次の計算をしましょう。

①

②

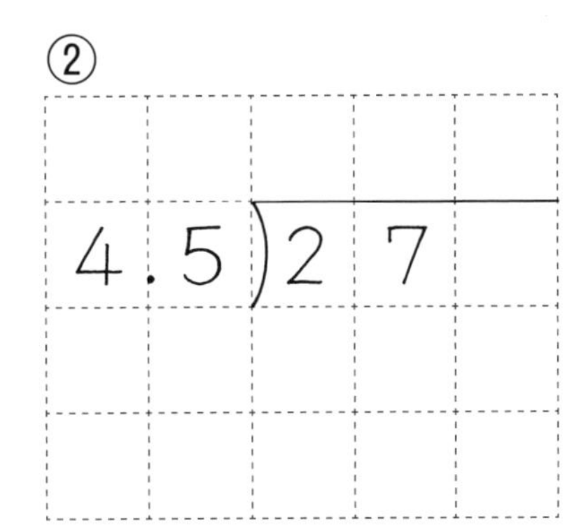

③

3.4)17

④

3.5)14

小数のわり算 (2)

月　日

名前

✿ 次の計算をしましょう。

①

$$\begin{array}{r} 7 \\ 2.2\overline{)15.4} \\ 154 \\ \hline 0 \end{array}$$

・わる数（2.2）の小数点を、1けた右へ移（うつ）します。

・わられる数（15.4）の小数点を、1けた右へ移します。

・15÷2を考えて、4の上に商をたてます。

②

$$5.2\overline{)20.8}$$

③

$$4.3\overline{)25.8}$$

④

$$3.2\overline{)25.6}$$

⑤

$$6.4\overline{)57.6}$$

月　日

小数のわり算 (3)

名前

✿ 次の計算をしましょう。

① $2.4\overline{)38.4}$

・わる数（2.4）の小数点を、1けた右へ移します。

・わられる数（38.4）の小数点を、1けた右へ移します。

・3÷2を考えて、8の上に商をたてます。

・順に計算します。

② $1.8\overline{)23.4}$

③ $1.3\overline{)18.2}$

④ $1.2\overline{)25.2}$

⑤ $2.1\overline{)67.2}$

月　日

小数のわり算 (4)

名前

✿ わり切れるまで計算をしましょう。

① 2.5)3.5

1.4
2.5)3.50
　　25
　　100
　　100
　　　0

㋐ わる数、わられる数の小数点を1けた右へ移（うつ）します。

㋑ わられる数の移した小数点の上に、商の小数点を打ちます。

㋒ わり進むとき0をおろします。

② 2.6)9.1

③ 4.5)8.1

④ 2.8)4.2

⑤ 1.5)9.9

月　日

小数のわり算 (5)

名前

✿ わり切れるまで計算をしましょう。

①

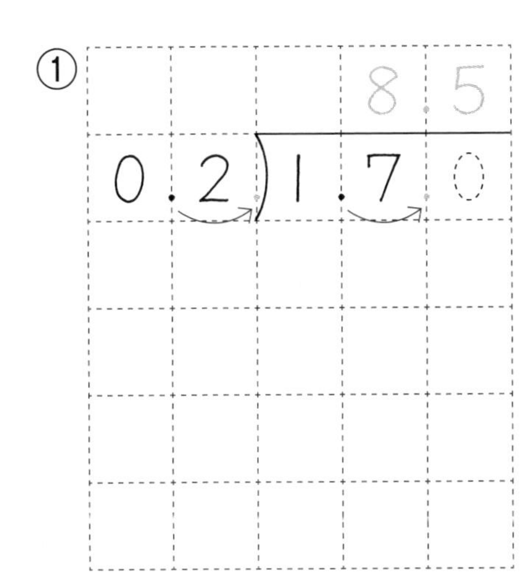

1.7÷0.2=8.5

1より小さい数（ここでは0.2）でわると、わられる数（1.7）より答え（8.5）が大きくなります。

② 0.5)3.6

③ 0.4)2.6

④ 0.8)5.2

⑤ 0.6)2.7

小数のわり算 (6)

月　　日

名前

✿ わり切れるまで計算をしましょう。

①

$$0.8 \overline{)0.40}$$

（商 0.5、40、0）

・わる数、わられる数の小数点を１けた右へ移（うつ）します。

・一の位に商がたたないので、０と小数点をかいて、次へ進みます。

・小数第一位に商をたてます。

②

$$0.5 \overline{)0.3}$$

③

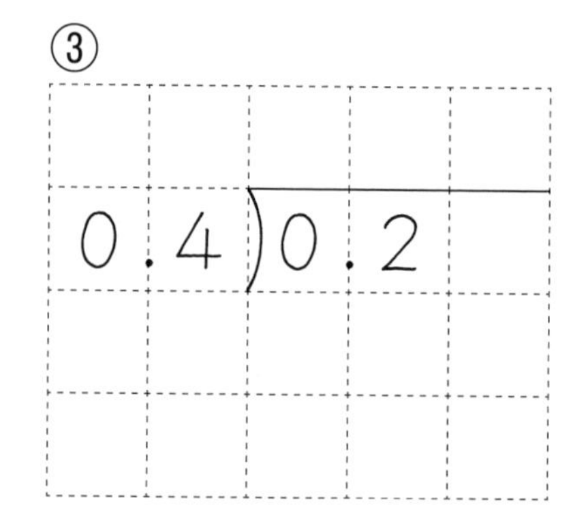

④

$$0.6 \overline{)0.3}$$

⑤

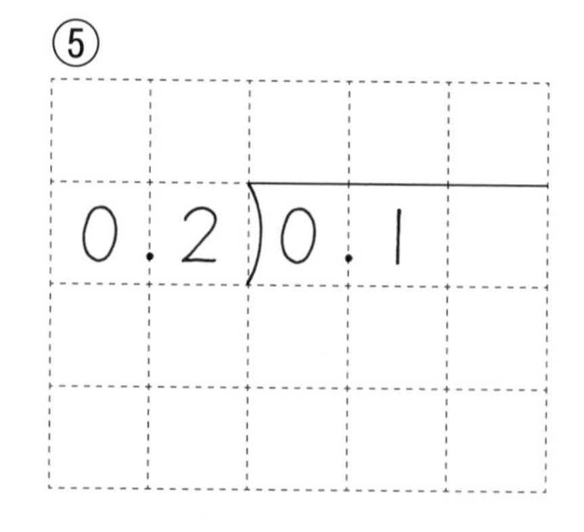

月　　日

小数のわり算 (7)

名前

✿ わり切れるまで計算をしましょう。

① 6.4)4.8

(例: 0.75　6.4)4.800　448　320　320　0)

② 2.5)2.3

③ 1.2)0.9

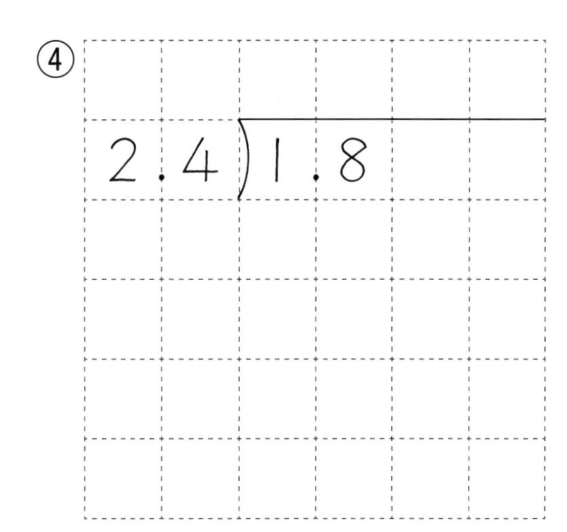

④ 2.4)1.8

⑤ 2.8)2.1

⑥ 3.2)0.8

月　日

小数のわり算 (8)

名前

✿ 商は整数（一の位）にし、あまりも出しましょう。

①

$$\begin{array}{r} 7 \\ 0.4 \overline{) 3.0} \\ 2\ 8 \\ \hline 0.2 \end{array}$$

・あまりは、もとの小数点を下ろします。

②

$0.3 \overline{)2}$

③

$0.6 \overline{)5}$

④

$1.4 \overline{)2.5}$

⑤

$2.6 \overline{)5.8}$

⑥

$$\begin{array}{r} 24 \\ 1.8 \overline{) 43.7} \\ 36 \\ \hline 7\ 7 \\ 7\ 2 \\ \hline 0.5 \end{array}$$

⑦

$0.3 \overline{)17.3}$

⑧

$0.8 \overline{)57.1}$

小数のわり算 (9)

月　　日 

名前

✿ 商は、$\frac{1}{100}$の位を四捨五入（ししゃごにゅう）して、$\frac{1}{10}$の位まで求めましょう。

①

```
          9
        1.8̸5̸
2.1 ) 3.9
      2 1
      1 8 0
      1 6 8
        1 2 0
        1 0 5
          1 5
```

答え（　　　　）

② 2.1) 4.5

答え（　　　　）

③ 3.5) 7.6

答え（　　　　）

④ 0.9) 6.4

答え（　　　　）

月　日

小数のわり算 ⑽

名前

✿ 商は、上から2けたのがい数で表しましょう。（上から3けためを四捨五入します。）

（ししゃごにゅう）

①

$$\begin{array}{r} 2.\cancel{2}\cancel{8} \\ 0.7\overline{)1.6} \\ 1\ 4 \\ \hline 2\ 0 \\ 1\ 4 \\ \hline 6\ 0 \\ 5\ 6 \\ \hline 4 \end{array}$$

答え（　　　）

②

$$1.2\overline{)3.4}$$

答え（　　　）

③

$$1.7\overline{)7.3}$$

答え（　　　）

④

$$3.3\overline{)4.1}$$

答え（　　　）

小数のわり算 まとめ (1)

月　　日

名前

✿ 次の計算をしましょう。　（①②各10点、③～⑥各20点）

①

5.5)22

②

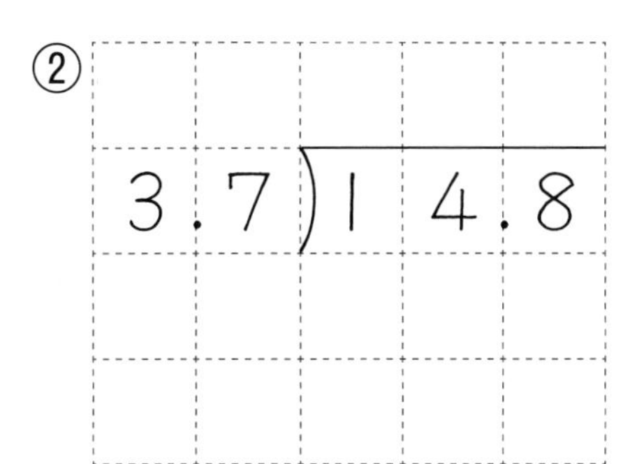

③

1.5)2.4

④

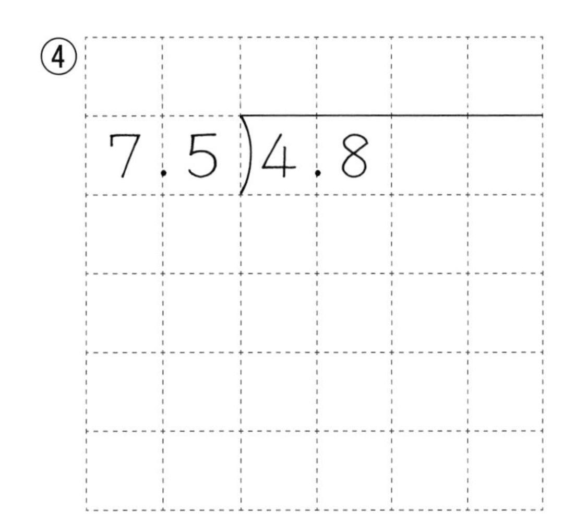

⑤

7.2)5.4

⑥

3.2)0.8

点

小数のわり算 まとめ (2)

月　日

名前

1 商は整数（一の位）にし、あまりも出しましょう。（各25点）

① $2.4 \overline{)90.1}$

② $2.6 \overline{)38.8}$

2 商は、$\frac{1}{100}$の位を四捨五入（ししゃごにゅう）して$\frac{1}{10}$の位まで求めましょう。

（各25点）

① $2.4 \overline{)5.9}$

答え（　　　）

② $3.1 \overline{)7.5}$

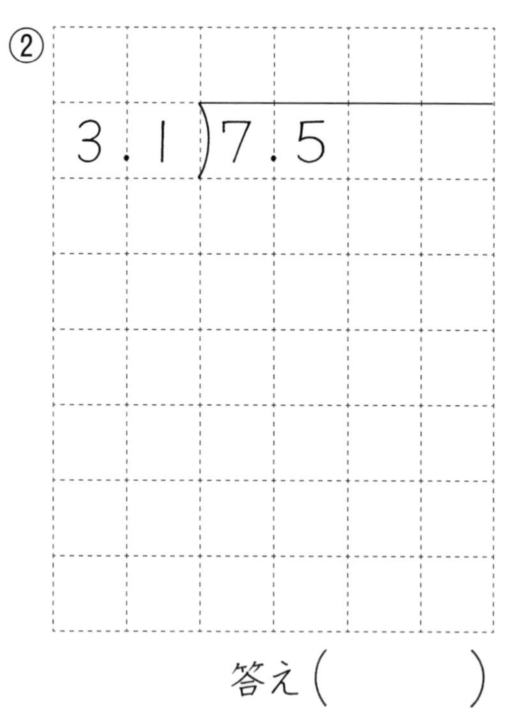

答え（　　　）

点

月　日　名前

分　数 (1) 商としての分数

2Lのジュースを3等分します。1つ分は何Lですか。分数で表しましょう。

2Lを3等分

2÷3

1つ分は、$\frac{1}{3}$Lが

2つで$\frac{2}{3}$L

$2 \div 3 = \frac{2}{3}$

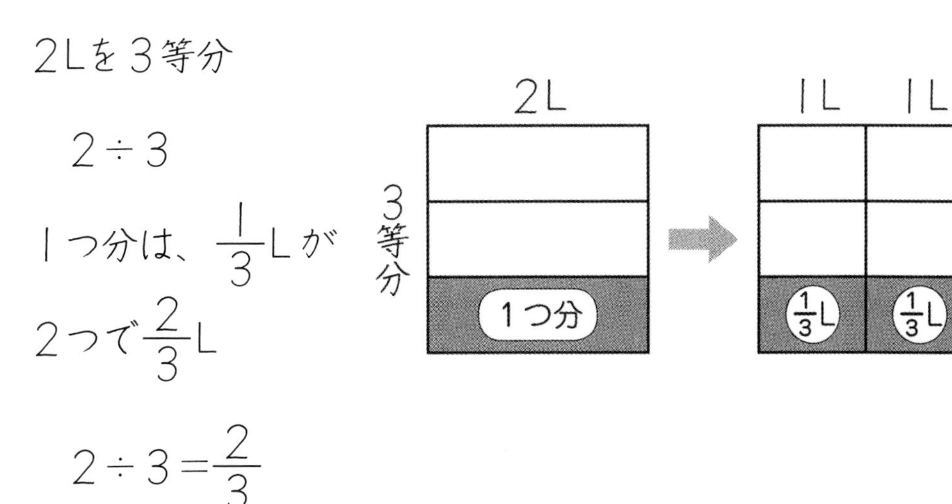

・わり算の答えは、**わられる数を分子、わる数を分母とする分数**で表せます。

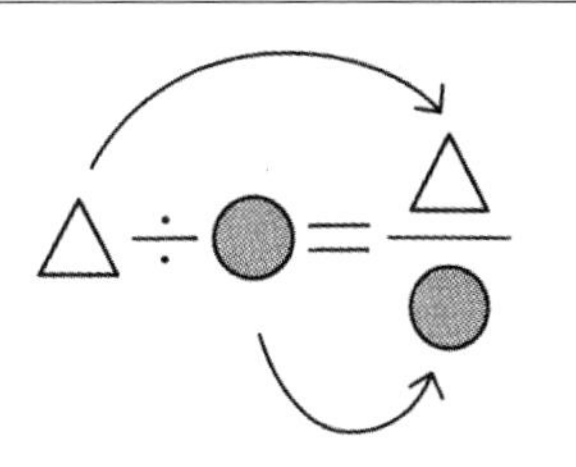

✿ わり算の答えを、分数で表しましょう。

① 1÷6＝

② 3÷7＝

③ 2÷5＝

④ 8÷9＝

⑤ 5÷3＝

⑥ 10÷7＝

⑦ 9÷4＝

⑧ 11÷8＝

分　数 (2) 分数と小数

月　日

名前

1 分数を小数になおしましょう。

① $\frac{2}{5}=2\div5=0.4$

$$\begin{array}{r} 0.4 \\ 5\overline{)2.0} \\ \underline{2\,0} \\ 0 \end{array}$$

② $\frac{3}{2}=$

③ $\frac{1}{3}=1\div3=0.33\cdots$

$$\begin{array}{r} 0.333 \\ 3\overline{)1.000} \\ \underline{9} \\ 10 \\ \underline{9} \\ 10 \\ \underline{9} \\ 1 \end{array}$$

わり切れなくて、小数で正確(せいかく)に表せない場合もあります。

④ $\frac{7}{4}=$

2 次の小数を分数にしましょう。

$0.1=\frac{1}{10}$　　$0.01=\frac{1}{100}$　　$0.001=\frac{1}{1000}$

① $0.3=\frac{3}{10}$　　② $0.7=$ ―

③ $0.09=$ ―――　　④ $0.11=$ ―――

⑤ $0.567=$ ―――　　⑥ $1.059=$ ―――

分　数 (3)

名前

分数の大きさをくらべましょう。

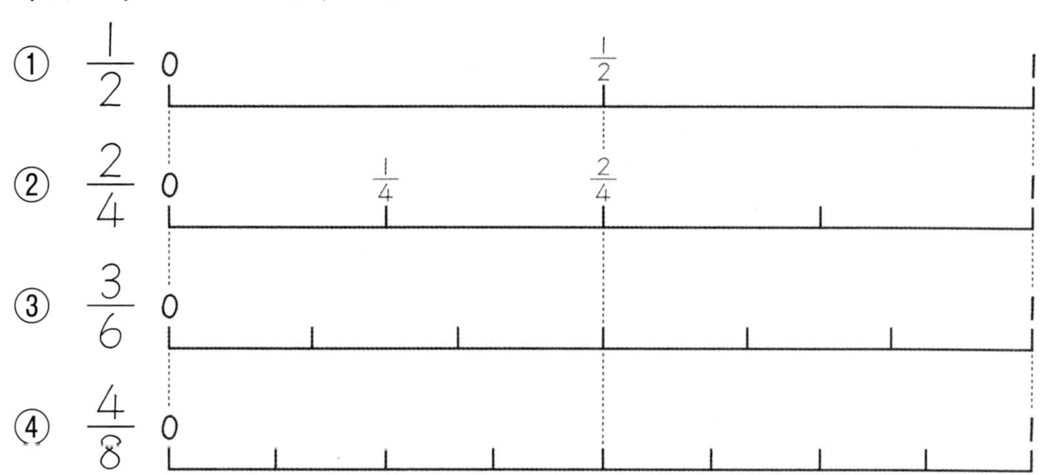

分母と分子に同じ数をかけても、同じ数でわっても、分数の大きさは変わりません。

$$\frac{1}{2} = \frac{2}{4} = \frac{3}{6} = \frac{4}{8}$$

（分母・分子に ×2、×3、×4）

$$\frac{4}{8} = \frac{2}{4} = \frac{1}{2}$$

（分母・分子を ÷2、÷4）

✿　次の□にあてはまる数をかきましょう。

① $\frac{3}{8} = \frac{\square}{16} = \frac{\square}{24}$　② $\frac{5}{7} = \frac{\square}{14} = \frac{\square}{21}$

③ $\frac{12}{28} = \frac{\square}{14} = \frac{3}{\square}$　④ $\frac{16}{24} = \frac{8}{\square} = \frac{\square}{3}$

分　数 (4) 約分

名前

約分(やくぶん)とは、分数の分母と分子を同じ数でわり、小さな数の分母と分子の分数にすることです。

✿ 約分しましょう。

① $\frac{2}{4} = \frac{1}{2}$　② $\frac{12}{14} =$　③ $\frac{8}{18} =$

④ $\frac{3}{6} = \frac{1}{2}$　⑤ $\frac{3}{12} =$　⑥ $\frac{6}{15} =$

⑦ $\frac{5}{15} = \frac{1}{3}$　⑧ $\frac{5}{25} =$　⑨ $\frac{25}{35} =$

⑩ $\frac{5}{10} =$　⑪ $\frac{15}{25} =$　⑫ $\frac{5}{45} =$

⑬ $\frac{7}{21} = \frac{1}{3}$　⑭ $\frac{21}{28} =$　⑮ $\frac{7}{42} =$

⑯ $\frac{7}{35} =$　⑰ $\frac{21}{35} =$　⑱ $\frac{7}{49} =$

月　日

分　数 (5)

名前

分数の分母をそろえることを**通分**（つうぶん）するといいます。

✿ 次の分数を通分しましょう。

たがいの分母をかける

① $\frac{1}{2}$ $\frac{1}{3}$　$\frac{1\times3}{2\times3}=\frac{3}{6}$　$\frac{1\times2}{3\times2}=\frac{2}{6}$　$\frac{3}{6}$，$\frac{2}{6}$

② $\frac{1}{4}$，$\frac{1}{3}$　　―，―

③ $\frac{3}{4}$，$\frac{4}{7}$　　―，―

④ $\frac{2}{3}$，$\frac{3}{5}$　　―，―

⑤ $\frac{5}{6}$，$\frac{2}{5}$　　―，―

⑥ $\frac{3}{4}$，$\frac{4}{5}$　　―，―

分　数 (6)

月　　日

名前

✿　次の分数を通分しましょう。

一方の分母・分子を何倍かする

① $\frac{1}{2}$, $\frac{3}{4}$　　$\frac{1\times2}{2\times2}=\frac{2}{4}$　　$\frac{2}{4}$, $\frac{3}{4}$

② $\frac{1}{2}$, $\frac{5}{6}$

③ $\frac{3}{4}$, $\frac{1}{8}$

④ $\frac{2}{3}$, $\frac{5}{9}$

⑤ $\frac{1}{4}$, $\frac{7}{12}$

⑥ $\frac{9}{10}$, $\frac{4}{5}$

分　数 (7)

名前

✿ 次の分数を通分しましょう。

分母を公約数でわる

① $\frac{1}{6}$, $\frac{1}{9}$　（3) 6 9 → 2 3）

公約数3でわる。商2、商3を、それぞれもう一方の分数にかける。

$\frac{1\times3}{6\times3}=\frac{3}{18}$　$\frac{1\times2}{9\times2}=\frac{2}{18}$

② $\frac{1}{4}$, $\frac{1}{6}$ → $\frac{1\times}{4\times}=$―― , $\frac{1\times}{6\times}=$――　（2) 4 6）

③ $\frac{1}{9}$, $\frac{1}{6}$ →

④ $\frac{1}{10}$, $\frac{1}{15}$ →

⑤ $\frac{1}{8}$, $\frac{1}{6}$ →

⑥ $\frac{1}{8}$, $\frac{5}{12}$ →

月　　日 

分数 まとめ

名前

1 次の分数を通分しましょう。 （各20点）

① $\frac{2}{3}$, $\frac{2}{7}$

② $\frac{1}{3}$, $\frac{4}{9}$

③ $\frac{1}{6}$, $\frac{1}{8}$

④ $\frac{2}{21}$, $\frac{3}{14}$

2 大きい分数に○をつけましょう。 （各10点）

① $\frac{2}{3}$, $\frac{7}{9}$

② $\frac{7}{12}$, $\frac{9}{16}$

点

分数の加減 (1)

名前

通分してから計算します。**分母の数をたがいにかける**

1．分母の数を、たがいに分母・分子にかけます。
2．同じ分母の分数になります。(通分)
3．分子をたします。

1 次の計算をしましょう。

$$\frac{1}{4}+\frac{2}{3}=\frac{1\times}{4\times}+\frac{2\times}{3\times}$$

$$=$$

$$=$$

2 次の計算をしましょう。

① $\frac{2}{3}+\frac{2}{7}=$

② $\frac{1}{4}+\frac{3}{5}=$

③ $\frac{3}{4}+\frac{1}{7}=$

④ $\frac{2}{5}+\frac{1}{3}=$

分数の加減 (2)

名前

通分してから計算します。**分母を一方に合わせる**

1. 分母を一方に合わせるため、分母と分子に同じ数をかけます。
2. 同じ分母の分数になります。(通分)
3. 分子をたします。

1 次の計算をしましょう。

$$\frac{1}{3}+\frac{2}{9}=\frac{1\times3}{3\times3}+\frac{2}{9}$$

$=$

$=$

2 次の計算をしましょう。

① $\frac{2}{5}+\frac{2}{15}=$

② $\frac{1}{6}+\frac{9}{12}=$

③ $\frac{2}{7}+\frac{1}{14}=$

④ $\frac{5}{8}+\frac{1}{4}=$

月　日

分数の加減 (3)

通分してから計算します。**分母に公約数がある**

1. 分母の最小公倍数を見つけ、それになるようにたがいの分母・分子にかけ合わせます。
2. 同じ分母の分数になります。(通分)
3. 分子をたします。

1 次の計算をしましょう。

$$\frac{1}{4}+\frac{1}{6}=\frac{1\times3}{4\times3}+\frac{1\times2}{6\times2}$$

2) 4　6
　 2　3

$$=\frac{3}{12}+\frac{2}{12}$$

$$=$$

2 次の計算をしましょう。

① $\frac{3}{10}+\frac{1}{4}=$

② $\frac{3}{4}+\frac{1}{6}=$

③ $\frac{5}{8}+\frac{1}{10}=$

④ $\frac{1}{4}+\frac{1}{10}=$

分数の加減（4）

名前

1 次の計算をしましょう。（答えは帯分数にしましょう。）

① $\frac{2}{5}+\frac{3}{4}=$

② $\frac{1}{2}+\frac{2}{3}=$

③ $\frac{6}{7}+\frac{4}{5}=$

④ $\frac{3}{5}+\frac{5}{8}=$

2 次の計算をしましょう。

① $2\frac{2}{3}+1\frac{3}{4}=$

② $1\frac{5}{6}+3\frac{1}{3}=$

③ $2\frac{1}{4}+2\frac{5}{6}=$

④ $3\frac{5}{8}+3\frac{5}{6}=$

分数の加減 (5)

名前

✿ 通分してから計算します。分母の数をたがいにかける

① $\frac{1}{6} - \frac{1}{7} =$

② $\frac{2}{7} - \frac{1}{5} =$

③ $\frac{2}{5} - \frac{1}{3} =$

④ $\frac{3}{4} - \frac{1}{3} =$

⑤ $\frac{1}{3} - \frac{1}{8} =$

⑥ $\frac{1}{2} - \frac{4}{9} =$

⑦ $\frac{1}{3} - \frac{2}{7} =$

⑧ $\frac{1}{4} - \frac{1}{9} =$

分数の加減 (6)

名前

✿ 通分してから計算します。分母を一方に合わせる

① $\frac{1}{5}-\frac{1}{15}=$

② $\frac{5}{6}-\frac{5}{12}=$

③ $\frac{1}{7}-\frac{1}{21}=$

④ $\frac{1}{8}-\frac{1}{32}=$

⑤ $\frac{2}{3}-\frac{5}{9}=$

⑥ $\frac{1}{4}-\frac{1}{16}=$

⑦ $\frac{2}{5}-\frac{3}{10}=$

⑧ $\frac{2}{7}-\frac{3}{14}=$

分数の加減 (7)

名前

✿ 通分してから計算します。**分母に公約数がある**

① $\frac{1}{4}-\frac{1}{6}=$

2)4 6

② $\frac{5}{6}-\frac{3}{8}=$

③ $\frac{2}{9}-\frac{1}{6}=$

④ $\frac{3}{10}-\frac{1}{15}=$

⑤ $\frac{5}{12}-\frac{1}{8}=$

⑥ $\frac{7}{12}-\frac{2}{9}=$

⑦ $\frac{1}{8}-\frac{1}{20}=$

⑧ $\frac{5}{21}-\frac{3}{14}=$

分数の加減 (8)

名前

月　　日

1 次の計算をしましょう。帯分数を仮分数(かぶんすう)にしてから計算しましょう。

① $1\frac{1}{5}-\frac{2}{3}=$　　② $1\frac{1}{2}-\frac{5}{7}=$

③ $1\frac{2}{5}-\frac{7}{9}=$　　④ $1\frac{1}{5}-\frac{5}{8}=$

2 次の計算をしましょう。帯分数の整数部分を先に計算しましょう。

① $2\frac{1}{2}-1\frac{2}{7}=$　　② $2\frac{3}{4}-1\frac{5}{7}=$

③ $4\frac{4}{5}-3\frac{2}{3}=$　　④ $2\frac{2}{5}-1\frac{1}{4}=$

分数の加減 (9)

月　　日

名前

✿ 次の計算をしましょう。（答えは、約分しましょう。）

① $\frac{1}{3}+\frac{1}{15}=$

② $\frac{5}{6}+\frac{1}{10}=$

③ $\frac{5}{12}-\frac{1}{6}=$

④ $\frac{3}{10}-\frac{1}{6}=$

⑤ $\frac{9}{10}-\frac{5}{6}=$

⑥ $\frac{7}{12}+\frac{9}{20}=$

月　日

分数の加減 まとめ (1)

名前

✿ 次の計算をしましょう。　(①～⑥まで各10点、⑦⑧各20点)

① $\frac{1}{6}+\frac{1}{5}=$

② $\frac{1}{7}+\frac{1}{2}=$

③ $\frac{4}{9}+\frac{1}{3}=$

④ $\frac{7}{10}+\frac{1}{5}=$

⑤ $\frac{3}{8}+\frac{1}{6}=$

⑥ $\frac{5}{12}+\frac{1}{8}=$

⑦ $2\frac{5}{6}+1\frac{5}{8}=$

⑧ $2\frac{7}{15}+2\frac{7}{9}=$

点

分数の加減 まとめ (2)

名前

✿ 次の計算をしましょう。　（①～⑥まで各10点、⑦⑧各20点）

① $\frac{4}{5}-\frac{1}{3}=$　　② $\frac{2}{3}-\frac{2}{7}=$

③ $\frac{13}{16}-\frac{5}{8}=$　　④ $\frac{11}{12}-\frac{1}{3}=$

⑤ $\frac{7}{8}-\frac{1}{6}=$　　⑥ $\frac{9}{16}-\frac{5}{12}=$

⑦ $2\frac{1}{7}-1\frac{3}{14}=$　　⑧ $3\frac{2}{9}-1\frac{8}{15}=$

点

月　日

体　積 (1)

名前

もののかさのことを 体積(たいせき) といいます。

1辺が1cmの立方体の体積を

1 cm^3（1立方(りっぽう)センチメートル）

といいます。cm^3は体積の単位です。

体積は、1 cm^3がいくつ分あるかで表すことができます。

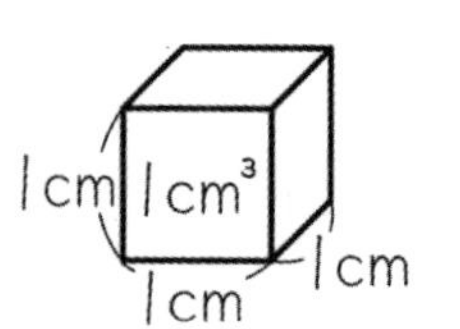

✿　次の直方体の体積を求めましょう。

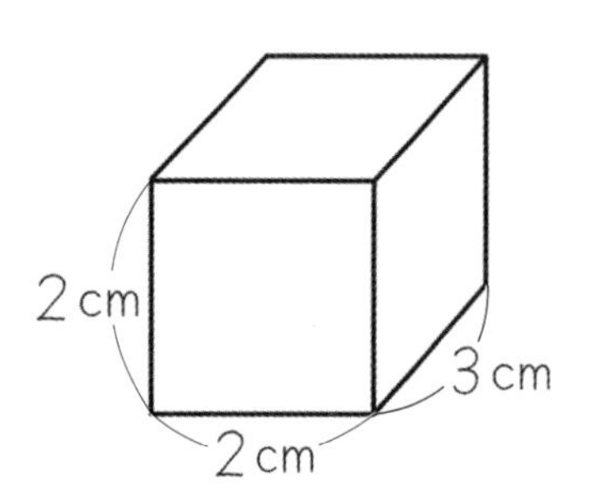

① 下のだんには、1 cm^3の立方体はいくつありますか。

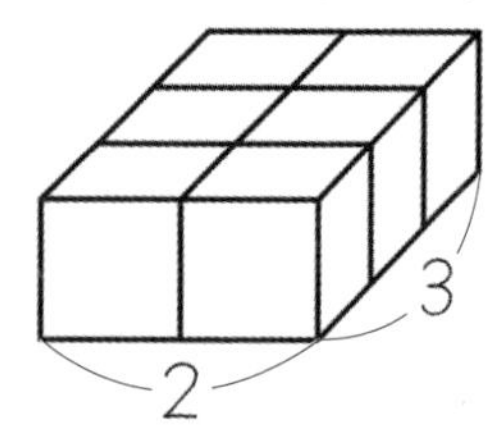

式

答え　　　　個

② 2だんに積むと、1 cm^3の立方体はいくつありますか。

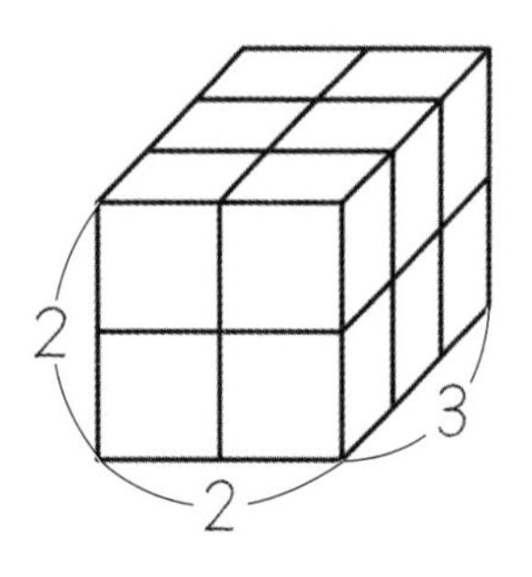

式

答え　　　　個

③ 上の直方体の体積は、何 cm^3ですか。

答え　　　　cm^3

直方体の体積＝たて×横×高さ

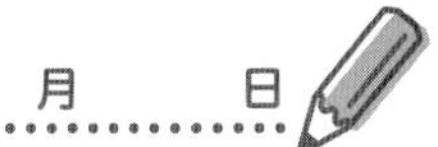

体　積 (2)

名前

✿　立体の体積を求めましょう。

①

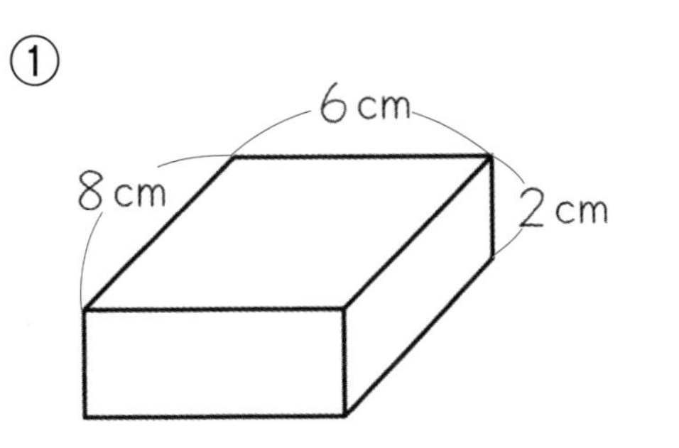

式

答え

②

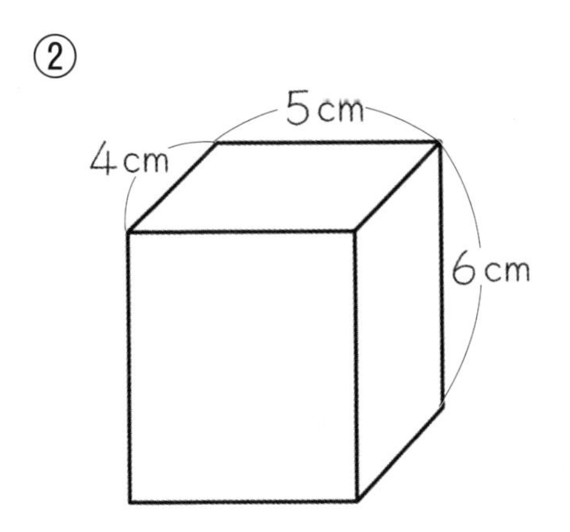

式

答え

③

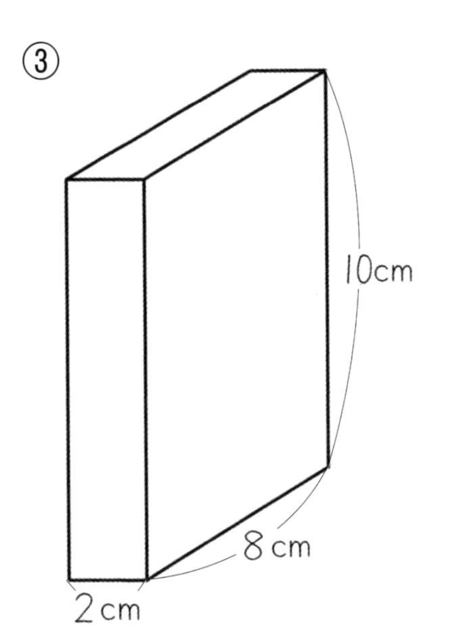

式

答え

体　積 (3)

名前

1 次の立体には、1 cm^3の立方体は何個(こ)あって、何 cm^3ですか。

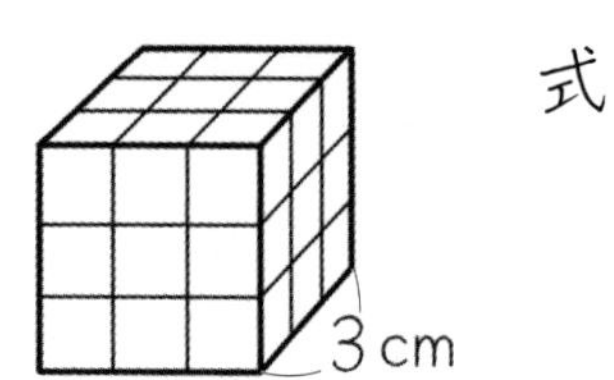

式

答え　　　個,　　　cm^3

立方体の体積＝1辺×1辺×1辺

2 次の立方体の体積を求めましょう。

①

式

答え

②

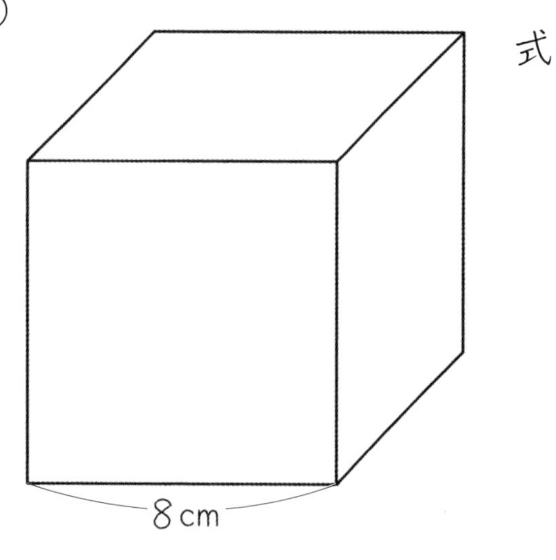

式

答え

③　1辺が5cm の立方体

式

答え

月　　日

体　積 (4)

名前

1 下の立体の体積を求める方法を調べましょう。

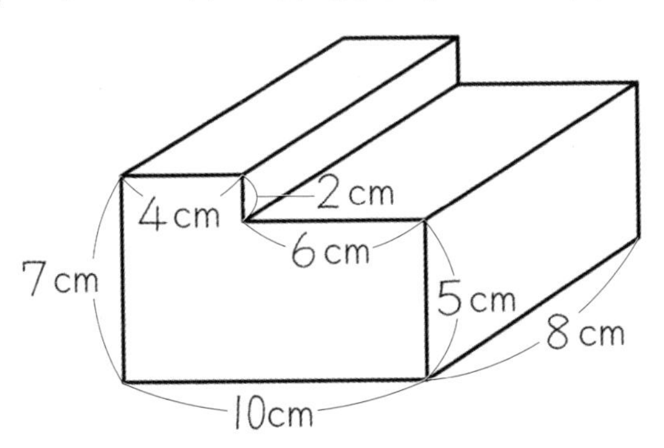

方法1 2つに分けてそれぞれの体積を求めてから、たします。

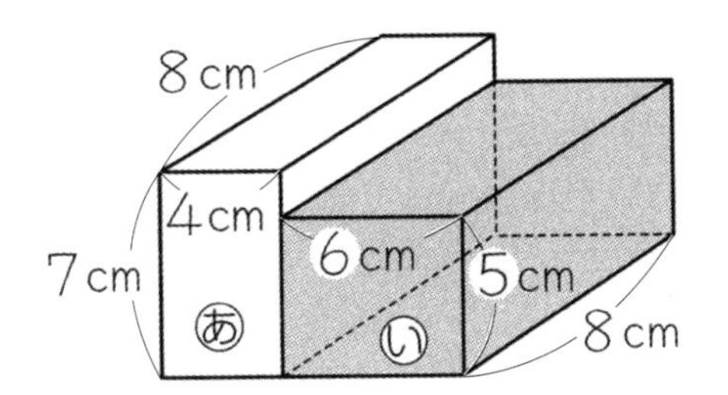

式　あ　8×4×7＝

い

あ＋い

答え

2 次の立体の体積を求めましょう。

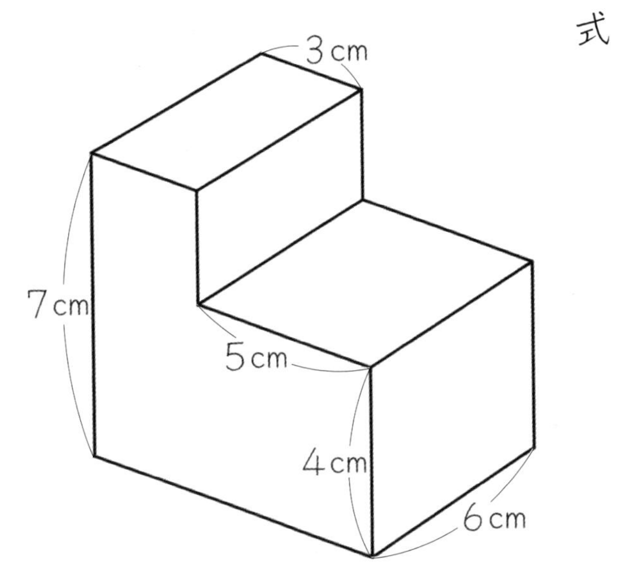

式

答え

体　積 (5)

名前

1 57ページの立体の体積を求める方法を調べましょう。

方法２ 別の切り方で２つに分けてそれぞれの体積を求めてから、たします。

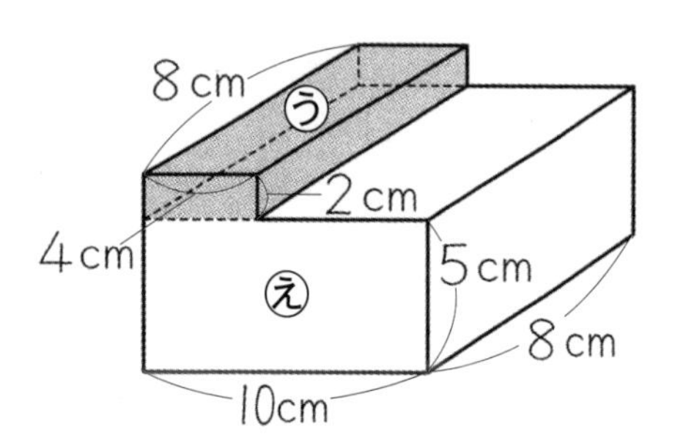

式

う　8×4×2＝

え

う＋え

答え

2 次の立体の体積を求めましょう。

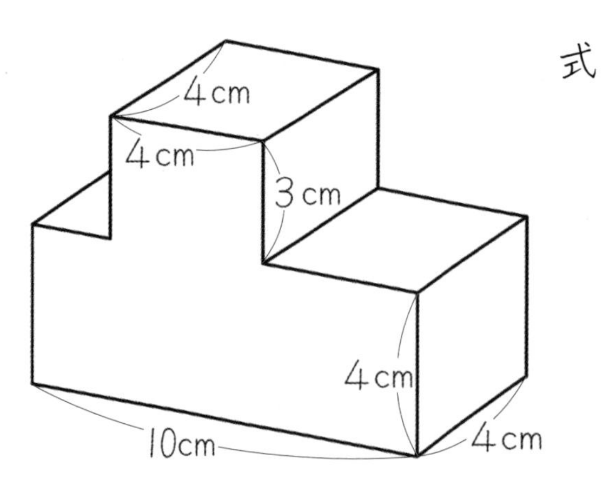

式

答え

体　積 (6)

名前

1 57ページの立体の体積を求める方法を調べましょう。

方法３

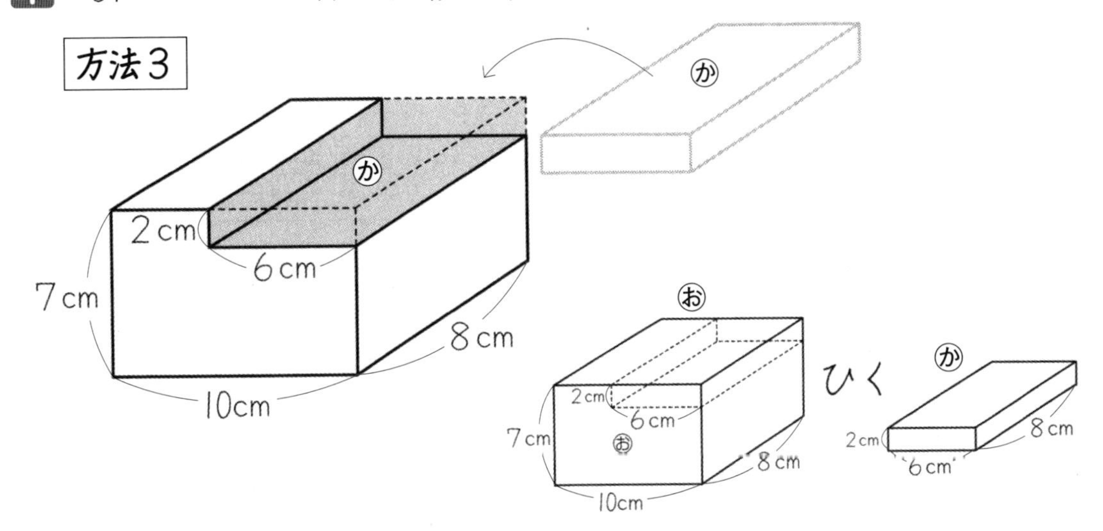

おのような直方体を考えて体積を計算します。
それから、かの直方体をひきます。

式

お　8×10×7＝

か

お－か

答え

2 次の立体の体積を求めましょう。

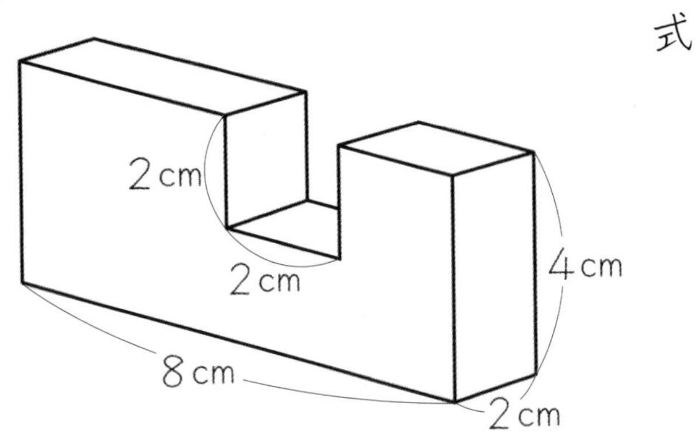

式

答え

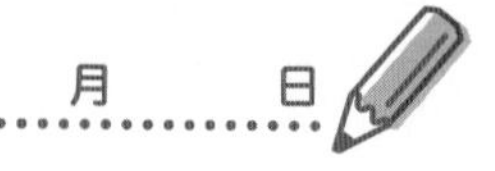

体　積 (7)

名前

｜辺が｜mの立方体の体積は
｜m³（｜立方メートル）です。
m³は、体積の単位です。

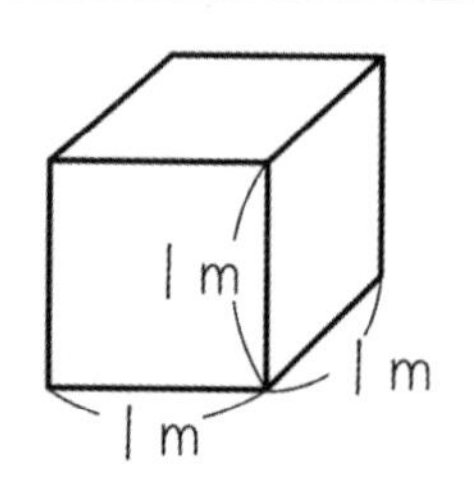

✿ 次の立体の体積を求めましょう。

①

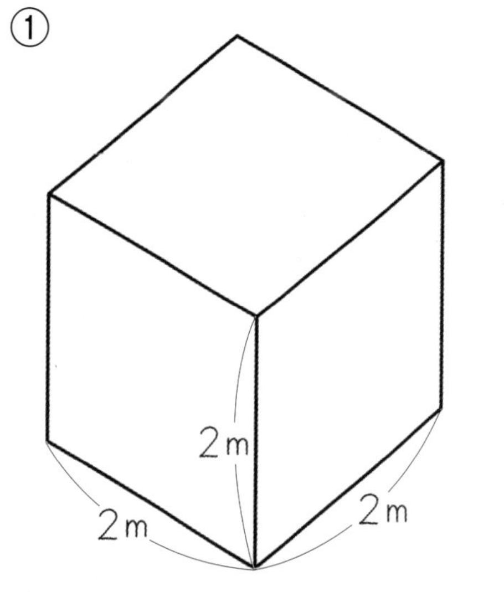

式

答え

② ｜辺3mの立方体

式

答え

③ たて3m、横5m、高さ4mの直方体

式

答え

体　積 (8)

名前

月　　日

1　$1\,m^3$について、調べましょう。

①　$1\,m^3$は何cm^3になりますか。

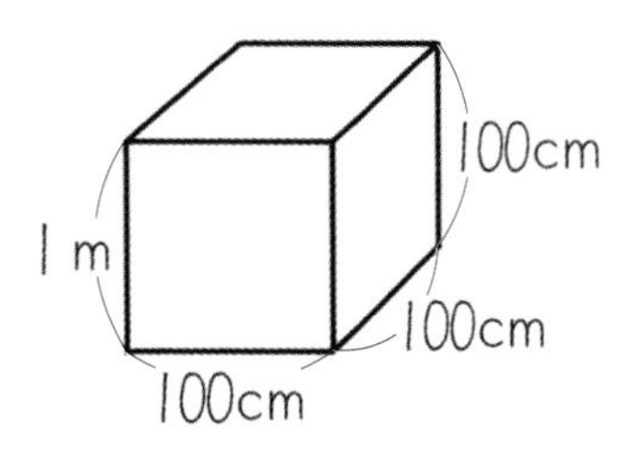

100×100×100＝1000000

$1\,m^3$＝［　　　　］cm^3

②　$1\,m^3$は何Lになりますか。

1Lがたてに10個、横に10個、高さの方に10個。

$1\,m^3$＝［　　　　］L

2　立体の体積を求め、m^3とLで表しましょう。

①

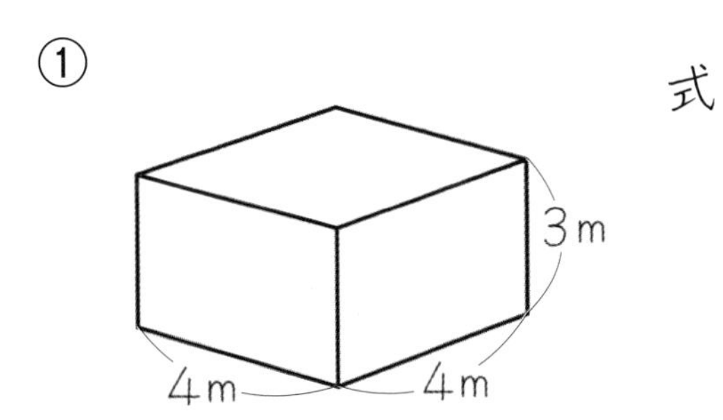

式

答え　　　　　m^3,　　　　　L

②　1辺4mの立方体

式

答え　　　　　m^3,　　　　　L

月　　日

体積 まとめ

名前

次の立体の体積を、直方体として考えてから欠けている部分をひく方法で求めましょう。（各式30点、答え20点）

①

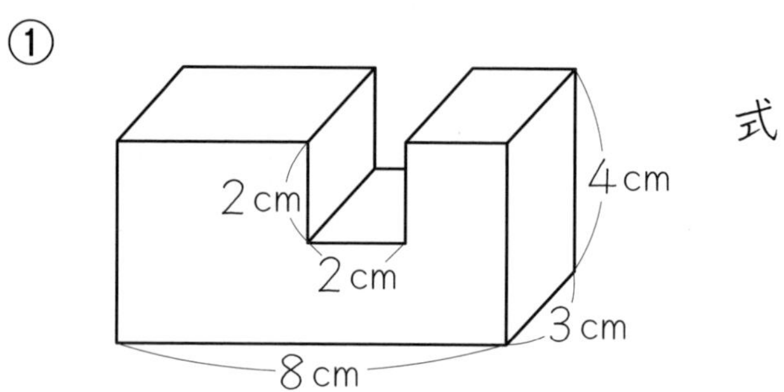

式

答え

②

8cm
10cm
2cm
2cm
6cm
4cm

式

答え

点

月　日　名前

合同な図形 (1)

となりの友だちと同じ三角定規（じょうぎ）を持っています。

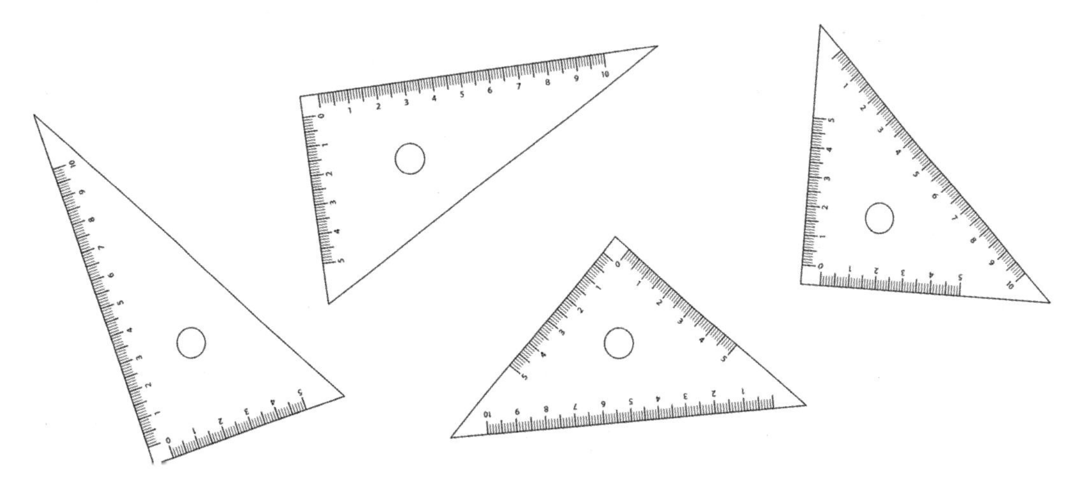

これらは、２つずつきちんと重なります。

　きちんと重ね合わせることができる２つの図形は、**合同**（ごうどう）であるといいます。

✿　合同な図形の組を（　　）にかきましょう。

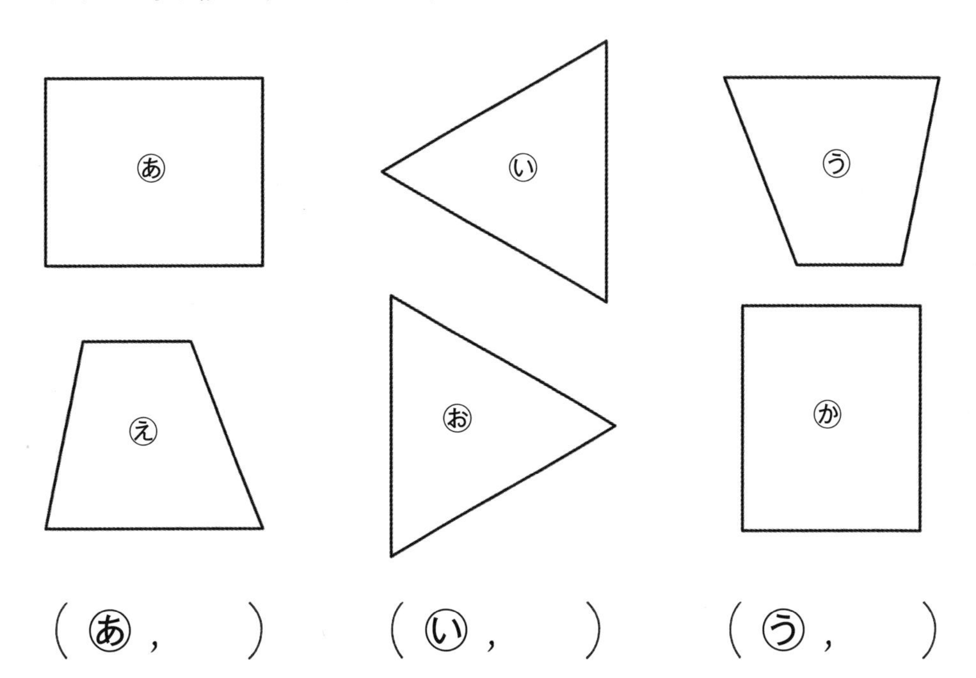

（あ，　）　（い，　）　（う，　）

月　日

合同な図形 (2)

名前

合同な図形を重ねたとき、重なり合う頂点(ちょうてん)や辺や角を**対(たい)応(おう)する頂点**、**対応する辺**、**対応する角**といいます。

1 下の２つの三角形は、合同です。(　　)に合うことばをかきましょう。

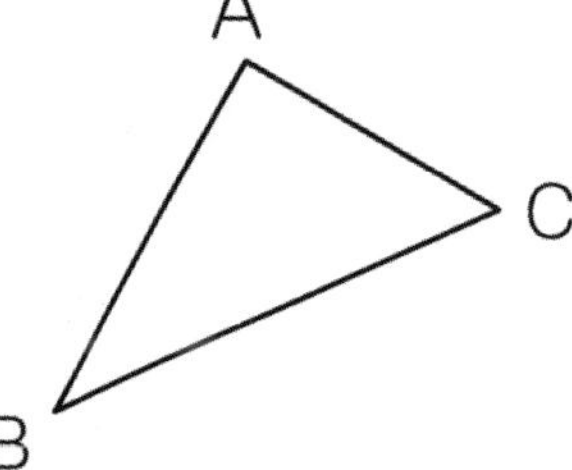

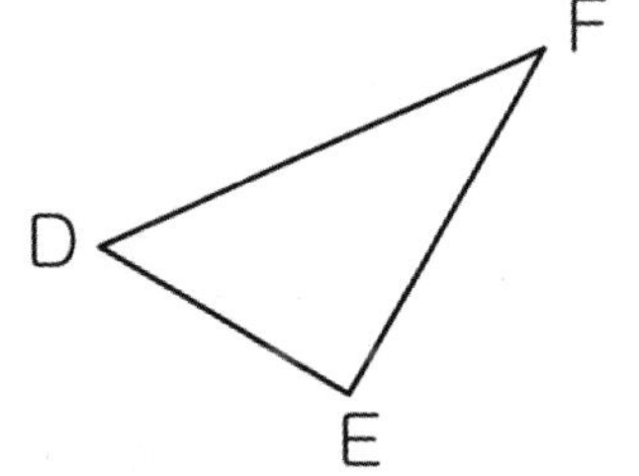

① 頂点Aに対応する頂点　(　　　　)

② 辺BCに対応する辺　(　　　　)

③ 角Cに対応する角　(　　　　)

合同な図形では、対応する辺の長さは等しく、対応する角の大きさも等しくなっています。

2 下の２つの三角形は合同です。

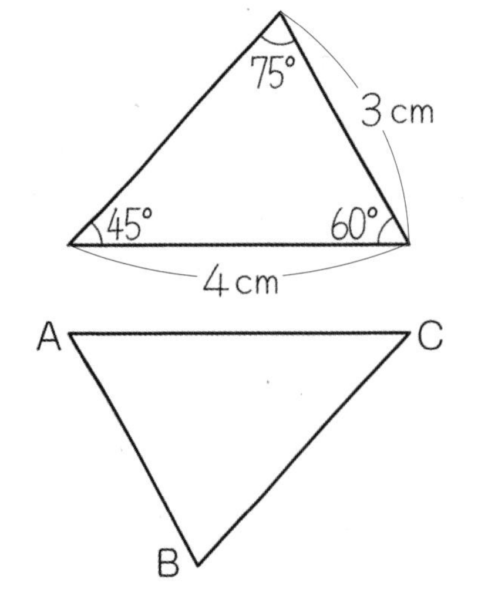

① それぞれ何度ですか。

角A(　　　　)、角B(　　　　)

角C(　　　　)

② それぞれ何cmですか。

辺AB(　　　　)

辺AC(　　　　)

月　日

合同な図形 (3)

名前

決まった大きさの三角形をかくには、3つの方法があります。

その1　3つの辺の長さが決まっている。

3つの辺の長さが6cm、4cm、3cmの三角形

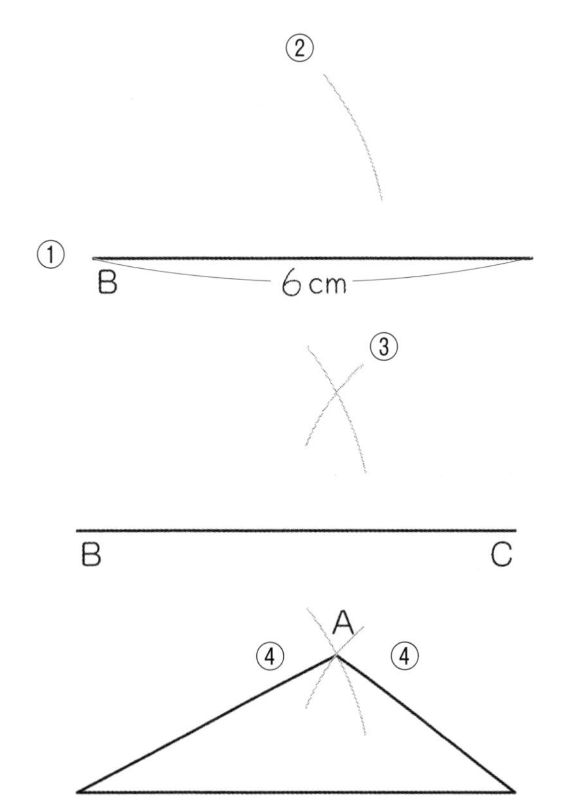

① 6cmの直線（辺）をひく。

② 頂点（ちょうてん）Bからコンパスで、半径4cmの円の部分をかく。

③ 頂点Cから、コンパスで半径3cmの円の部分をかく。

④ ②、③の交わった点をAとして、辺AB、辺ACをかく。

でき上がり。

※コンパスでかいた線は消さなくてもよい。

✿ 次の三角形をかきましょう。

① 辺の長さが、5cm、3cm、4cm

② 辺の長さが、4cm、2cm、3cm

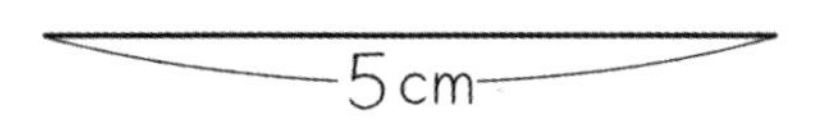

4cm

月　日

合同な図形 (4)

名前

その2　２つの辺の長さと、その間の角の大きさが決まっている。

辺の長さが４cm、５cm、その間の角が50°の三角形

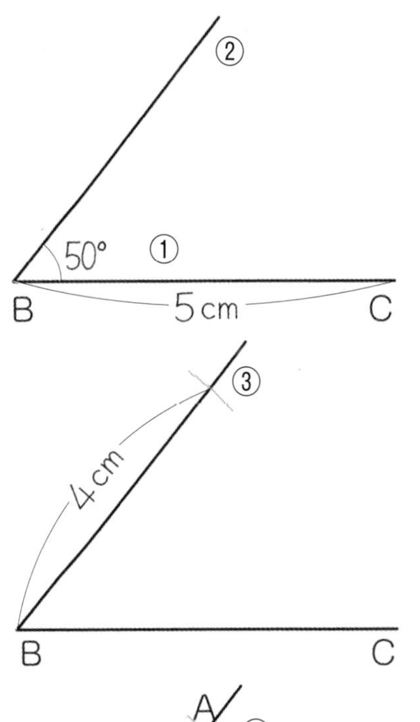

① ５cmの直線（辺）を引く。

② 頂点(ちょうてん)Bから、分度器で50°をはかり、線をひく。

③ 頂点Bから、コンパスを使って半径４cmの円の部分を②の線と交わるようにかく。

※コンパスのかわりに定規(じょうぎ)を使ってもよい。

④ 頂点Aと頂点Cを結ぶ。

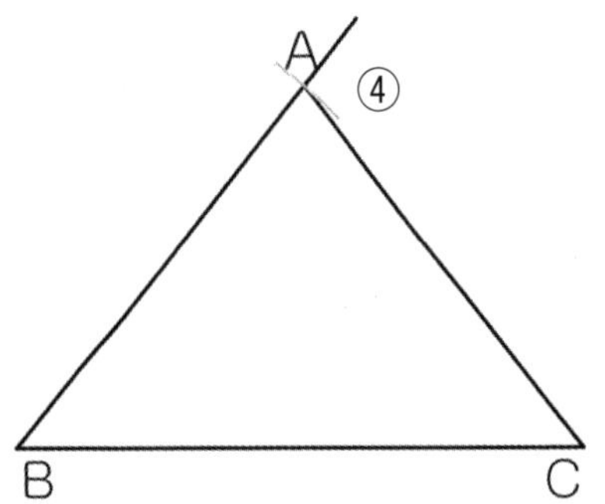

でき上がり。

※長くのびた50°の線やコンパスでかいた線は消さなくてもよい。

✿ 次の三角形をかきましょう。

① 辺の長さが、３cm、４cm その間の角が60°

② 辺の長さが、３cm、５cm その間の角が45°

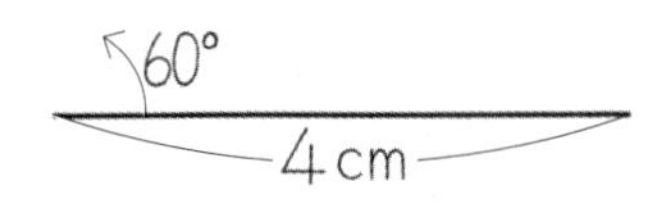

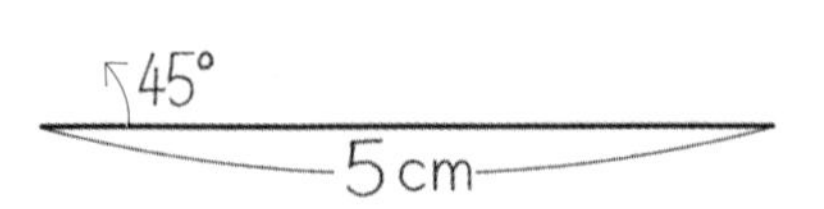

月　　日

名前

合同な図形 (5)

その3　１つの辺の長さと、その両はしの角の大きさが決まっている。

辺の長さが４cm、両はしの角度が45°と30°の三角形

③
Cの30°の印

②Bの
45°の印

①
B　4cm　C

① ４cmの直線（辺）をひく。

② 角Bが45°になるように、分度器を使って印をつける。

③ 角Cが30°になるように印をつける。

④ Bと②でつけた印を直線で結び、Cと③でつけた印を直線で結ぶ。

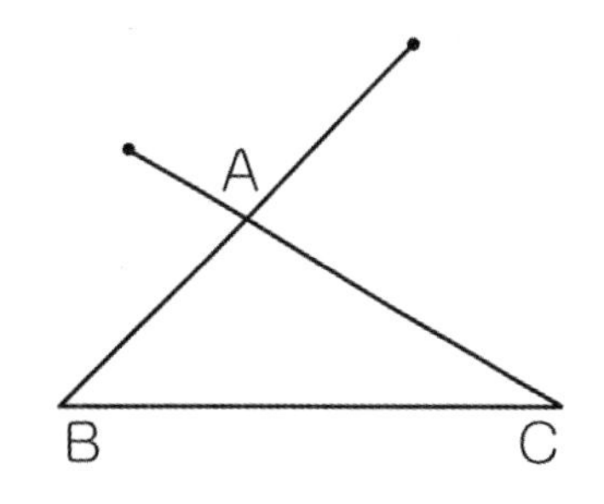

でき上がり

※三角形の外までのびている線は消さなくてもよい。

次の三角形をかきましょう。

① 辺の長さが５cm、両はしの角度が50°と40°

② 辺の長さが６cm、両はしの角度が30°と60°

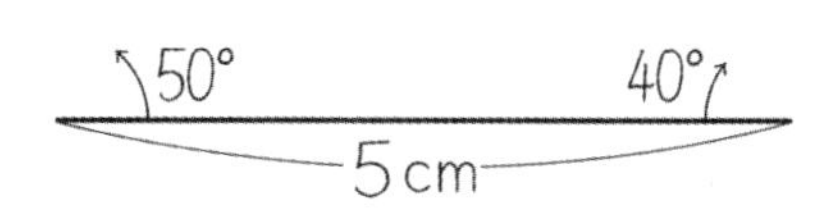

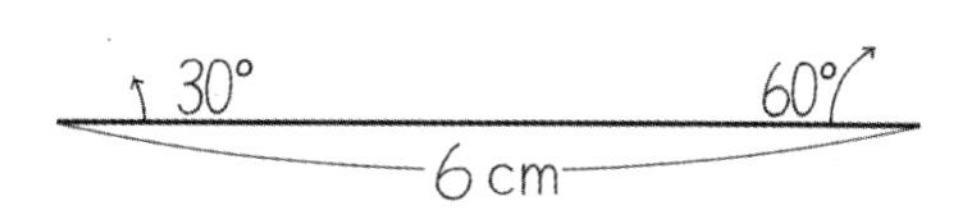

合同な図形 (6)

下の図は、どれも辺の長さが、4cm、3cm、2cm、3.5cm の四角形です。

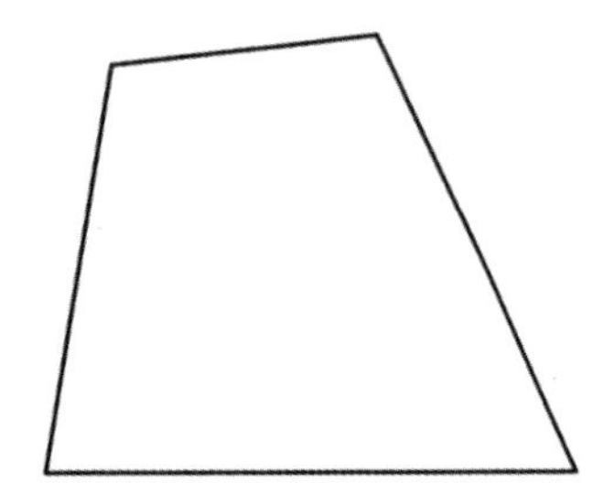

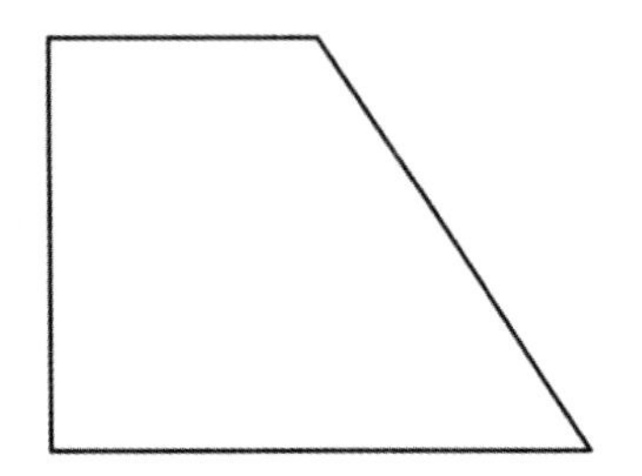

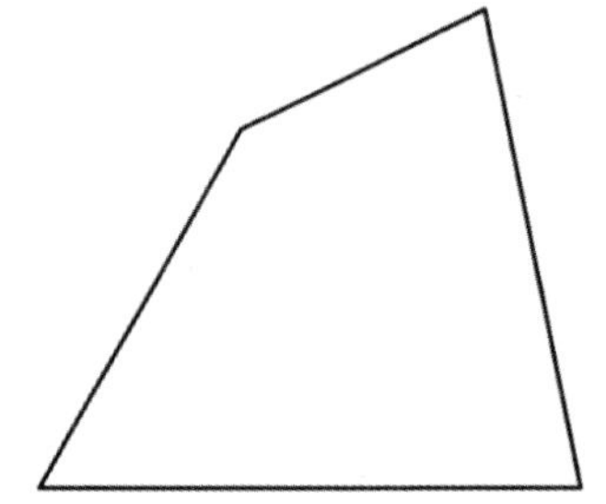

四角形は、4つ辺の長さが決まっているだけでは、形が決まりません。上の図のようにいろいろな四角形ができてしまいます。

その1　合同な四角形をかく場合は、4つの辺の長さと、どこか1つの角の大きさを決めます。

その2　合同な四角形をかく場合は、4つの辺の長さと対角線の長さを決めます。

✿　次の四角形をコンパスと定規(じょうぎ)を使ってかきましょう。
辺AB4cm、辺BC6cm
辺CD5cm、辺DA3cm
対角線AC5cm

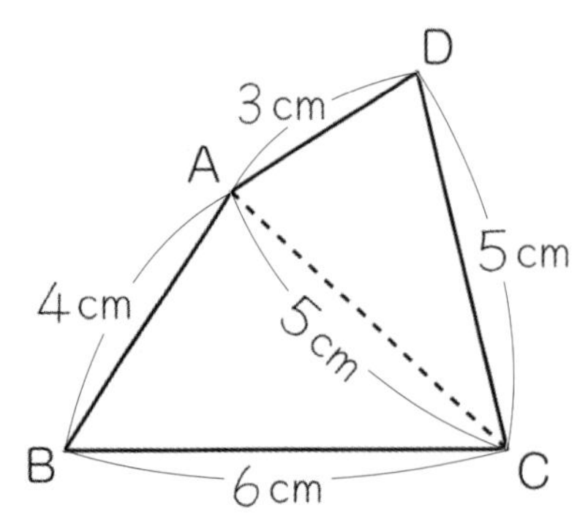

B　C

月　日

多角形の角 (1)

名前

1 三角形の３つの角の和について調べましょう。

合同な三角形を１本の線の上に、逆(さか)さまにしたり(⤻)、そのままずらしたり(⟶)してならべました。

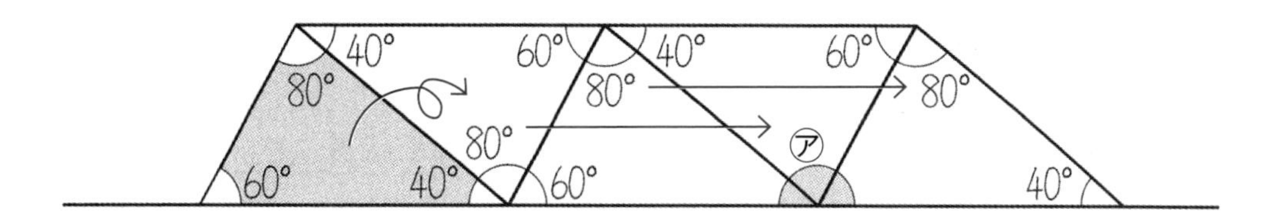

① １つの三角形の３つの角の和は、何度ですか。

式

答え

② 角㋐は、何度ですか。

答え

三角形の３つの角の大きさの和は、180°です。

2 次の(　　)に角の大きさをかきましょう。

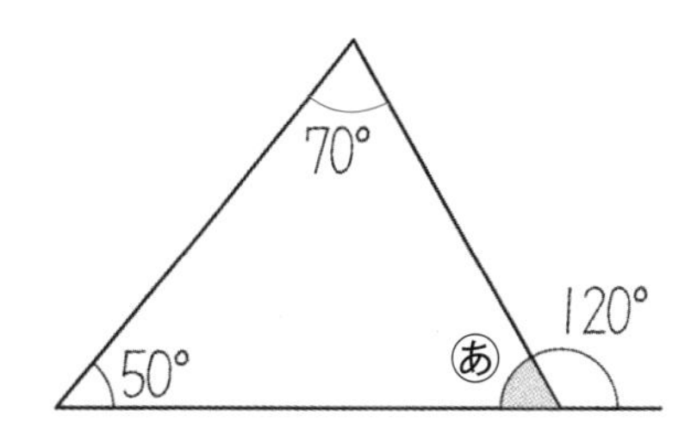

① 70°＋50°＋㋐＝(　　　)

② 120°＋㋐＝(　　　)

③ ㋐＝(　　　)

多角形の角 (2)

名前

1 合同な四角形を作ってならべてみました。

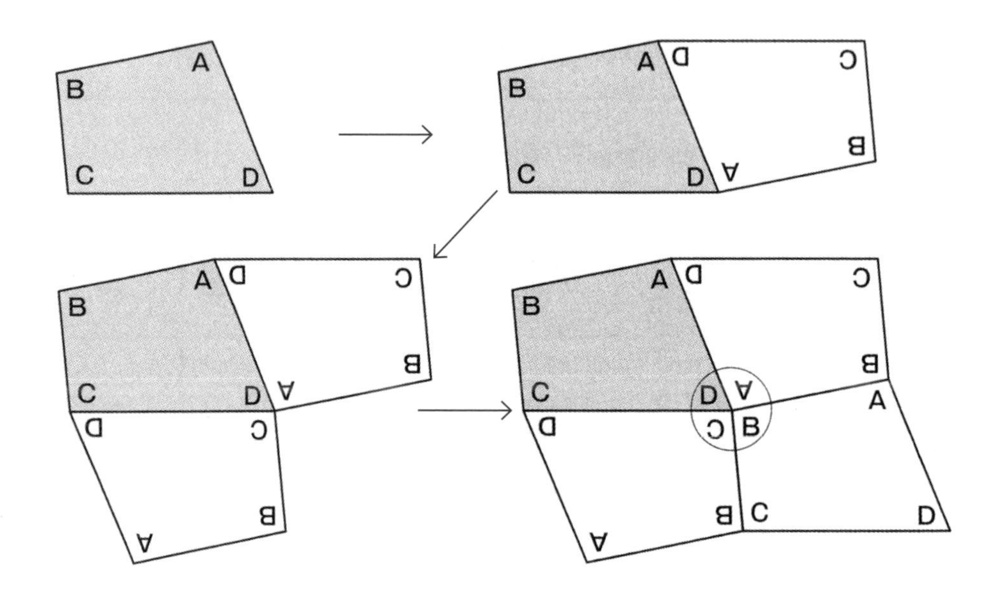

・まん中の角A、角B、角C、角Dの和は、何度ですか。

答え

四角形の四つの角の大きさの和は、360°です。

2 次のあ、い、うの角の大きさを求めましょう。

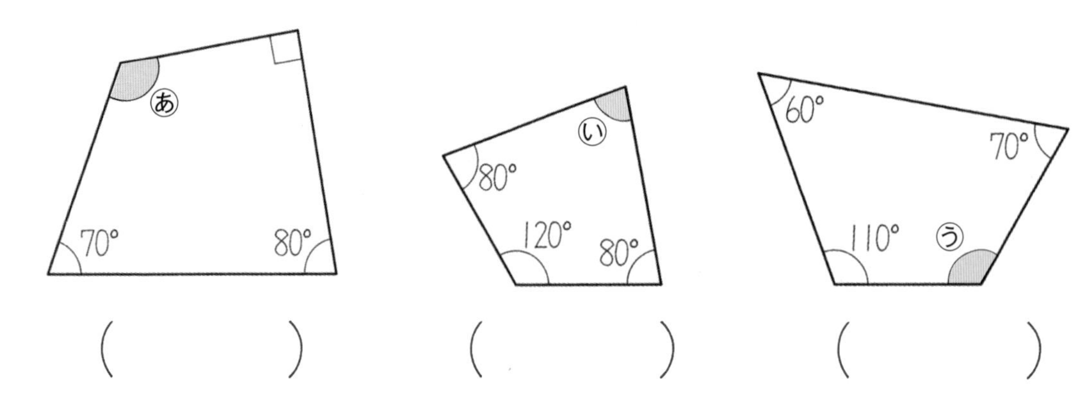

(　　　)　(　　　)　(　　　)

多角形の角 (3)

月　日

名前

三角形、四角形、五角形や六角形のように、直線で囲(かこ)まれた図形を **多角形** といいます。

1 五角形の5つの角の和を考えましょう。

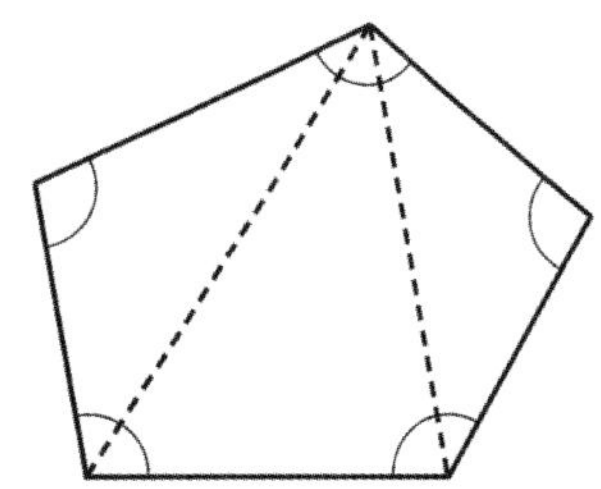

① 五角形に対角線をひいて三角形を作りました。三角形は何個(こ)できましたか。

(　　　　)

② 三角形の3つの角の和は180°です。五角形の5つの角の和は何度ですか。

(　　　　)

2 次の多角形の角の大きさの和を表にまとめましょう。

三角形

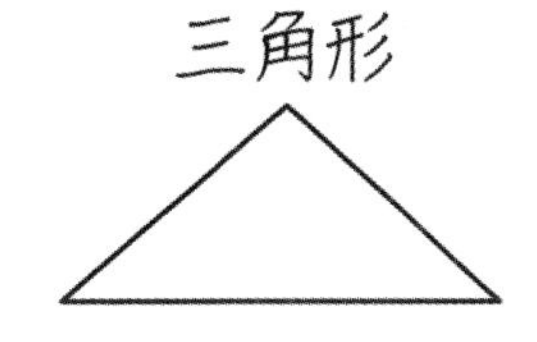

四角形

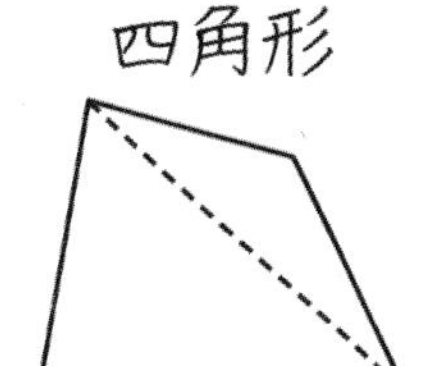

五角形

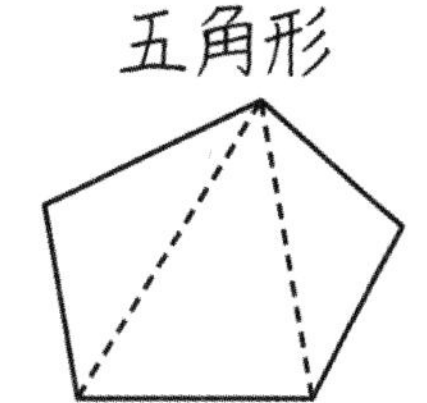

六角形

七角形

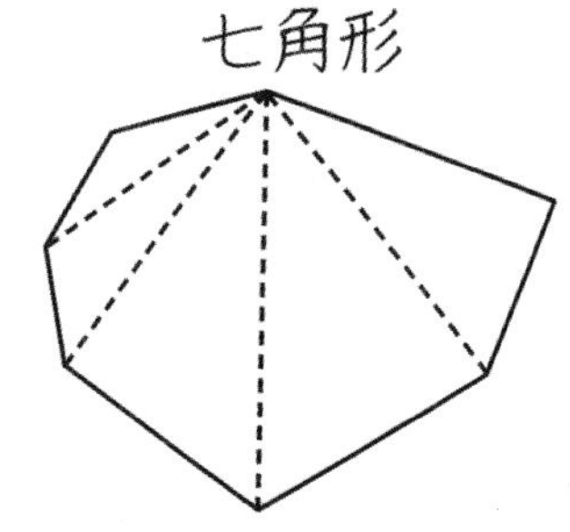

	三角形	四角形	五角形	六角形	七角形
対角線でできる三角形の数	1				
角の大きさの和	180°				

多角形と円 (1)

名前　　　　　　月　　日

辺の長さが等しく、角の大きさもみんな等しい多角形を、**正多角形**といいます。

正多角形は、円の中心の角を等分する線と、円周が交わった点を直線で結ぶとかけます。

下の円に、正多角形をかきましょう。また、中心の角度を（　　）にかきましょう。

① 正三角形

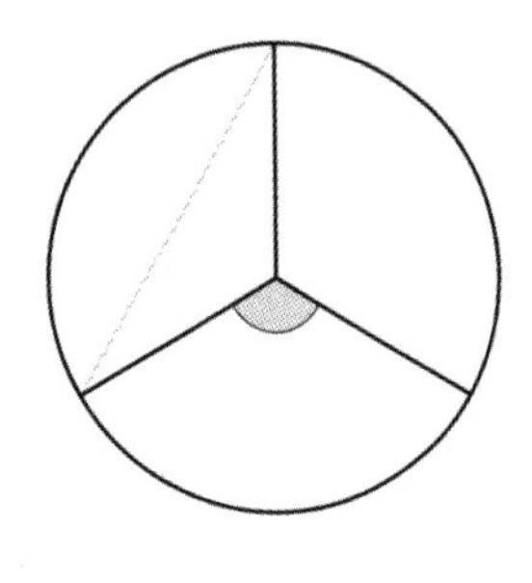

（　　　　）

360 ÷ 3 =

② 正方形

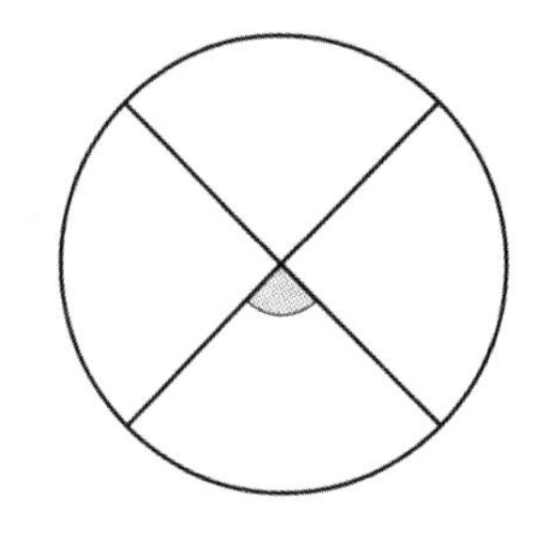

（　　　　）

③ 正五角形

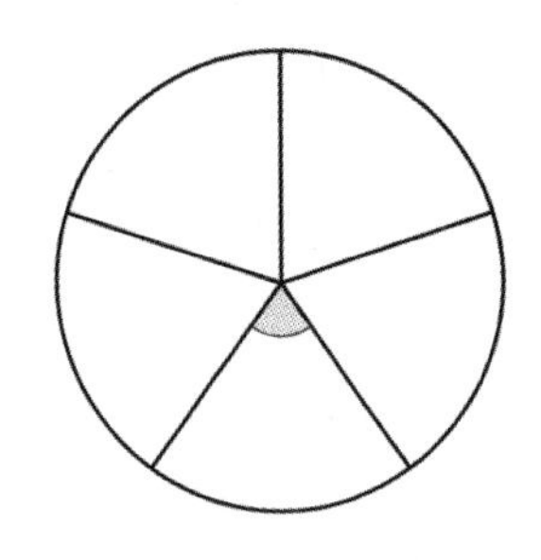

（　　　　）

④ 正六角形

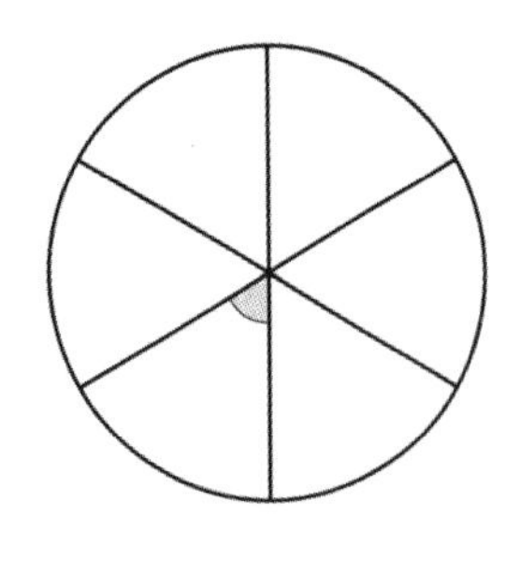

（　　　　）

⑤ 正八形

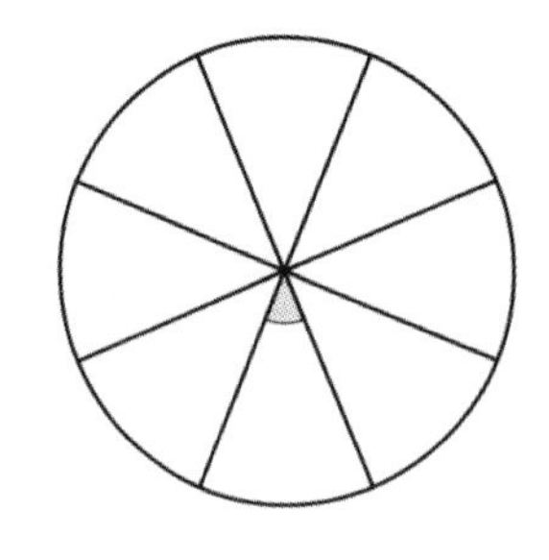

（　　　　）

⑥ 正九角形

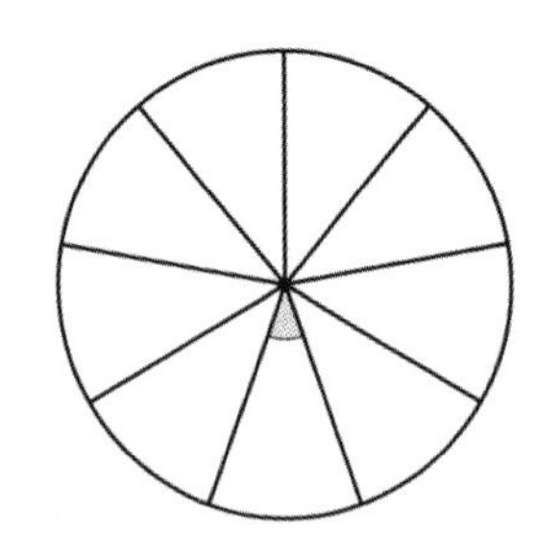

（　　　　）

月　　日

多角形と円 (2)

名前

1 正六角形について調べましょう。

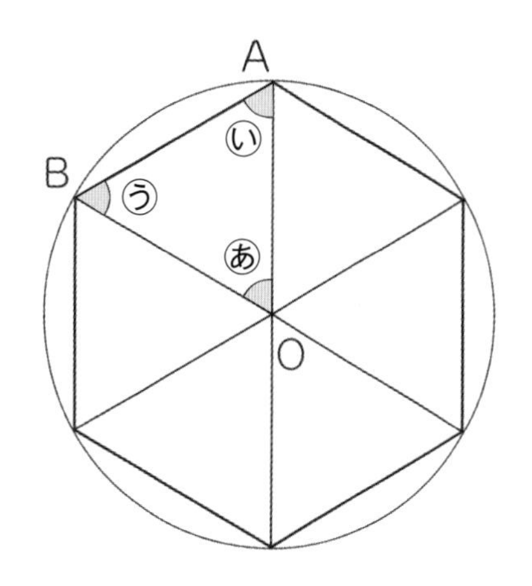

① 角あの大きさは何度ですか。

答え

② 角い、角うは、何度ですか。

角い

角う

③ 三角形ABOは、
何という三角形ですか。

答え

④ 辺ABと直線BO、直線AOの長さは同じですか。

答え

円の周りを **円周** といいます。円周のように、曲がった線を **曲線** といいます。

2 正六角形と円周を調べましょう。

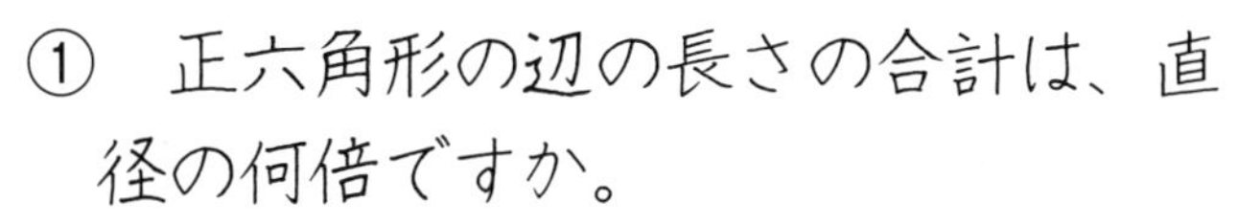

① 正六角形の辺の長さの合計は、直径の何倍ですか。

答え

中心

② 正六角形の外側の長さと円周ではどちらが長いですか。

答え

③ （　　）に不等号をかきましょう。

円の直径×3（　　）円周

多角形と円 (3)

月　日

名前

直径３cmの円を１回転させて、周りが何cmあるかはかりました。

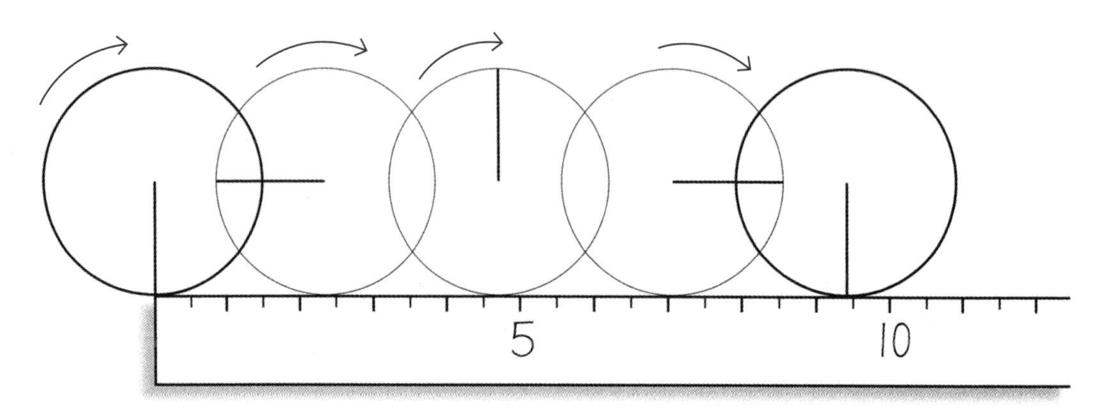

だいたい、９cm４mmでした。

9.4÷３＝3.13…

円周÷直径は、どの円でも同じになります。

円周 ÷ 直径 ＝ 円周率（えんしゅうりつ）

円周率は、ふつう3.14を使います。

円周 ＝ 直径 × 円周率

✿ 円周の長さを求めましょう。

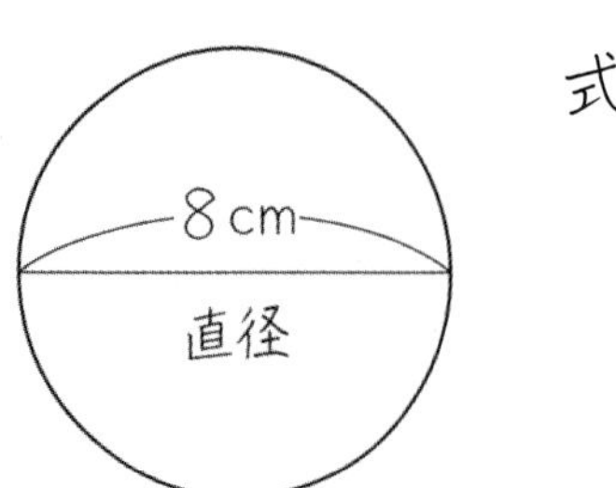

式

答え

多角形と円 (4)

名前　　　　　　　　　　月　　日

✿ 円周の長さを求めましょう。

円周＝半径×２×円周率

①

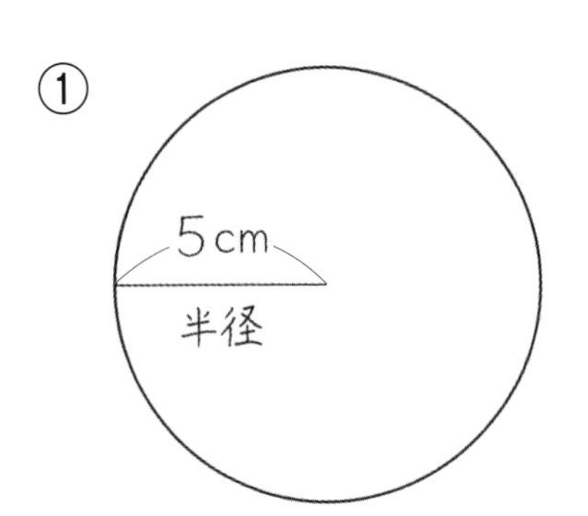

式

答え

②

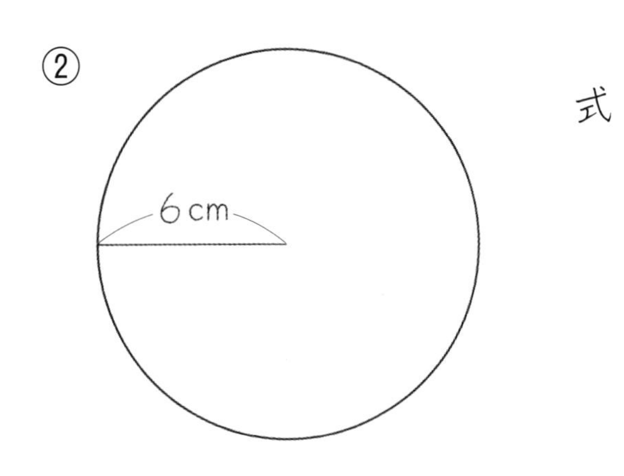

式

答え

③

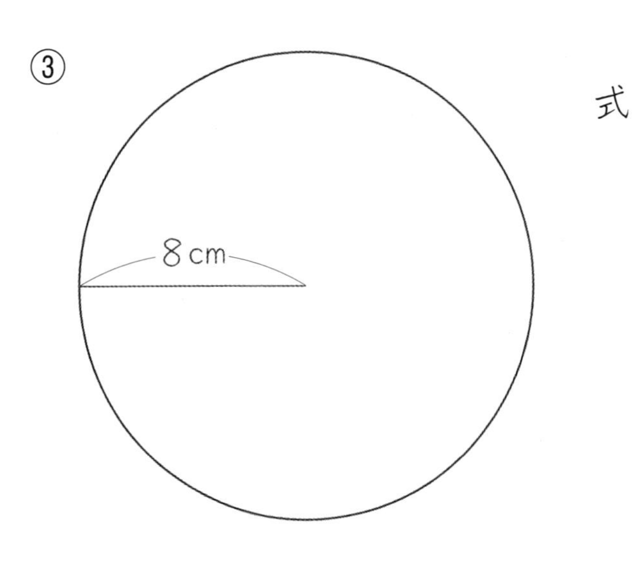

式

答え

月　日

図形の面積 (1)

名前

平行四辺形の面積

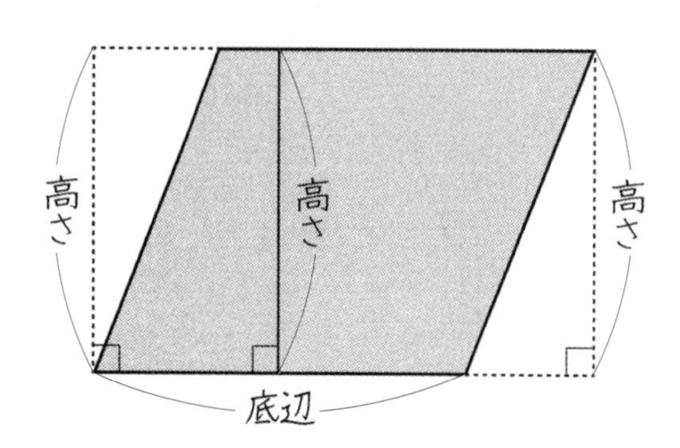

- **底辺**に対し、垂直(すいちょく)な直線を高さといいます。

平行四辺形の面積＝底辺×高さ

✿ 平行四辺形の面積を求めましょう。

①

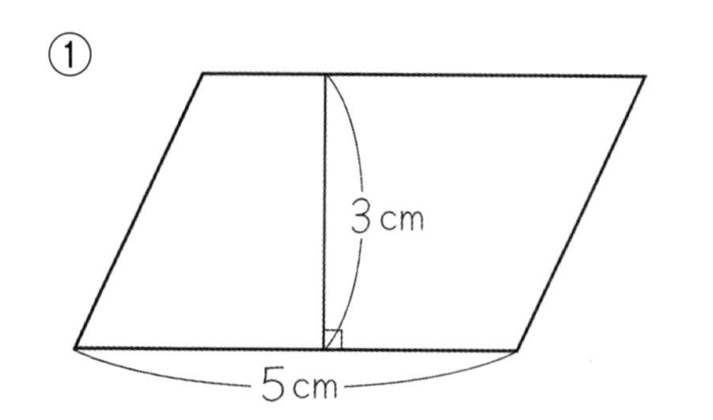

式

答え

②

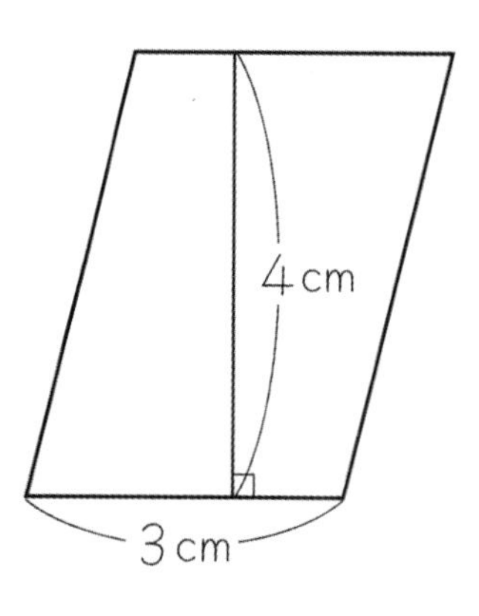

式

答え

図形の面積 (2)

名前

1　アを平行四辺形の底辺とすると、高さはどれですか。記号を○でかこみましょう。

①

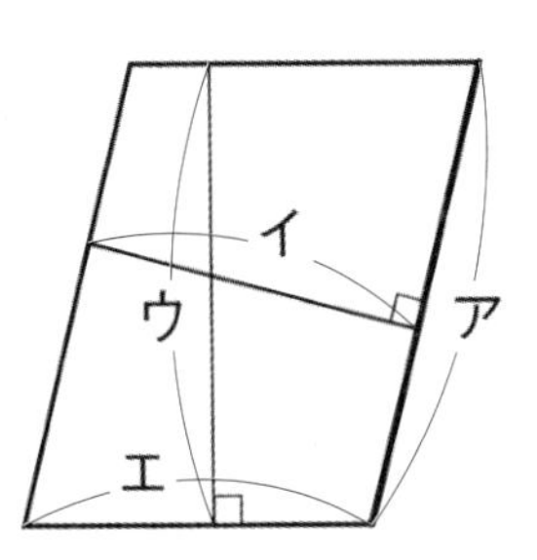

②

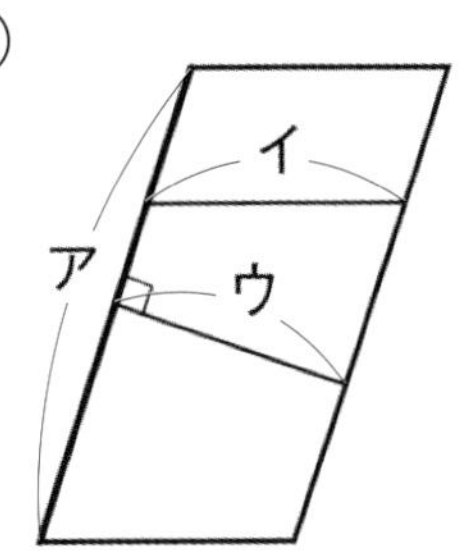

③

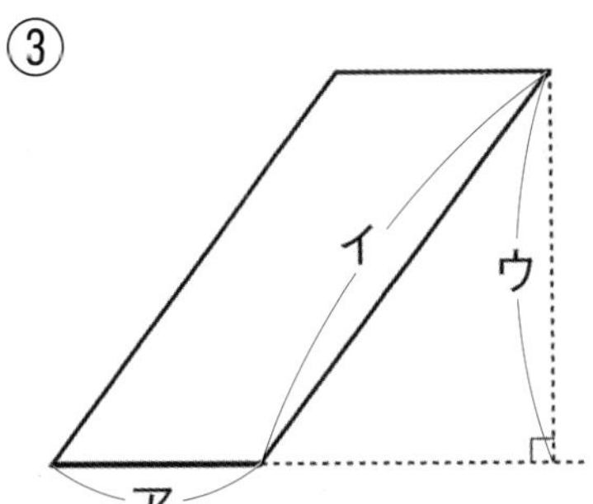

④

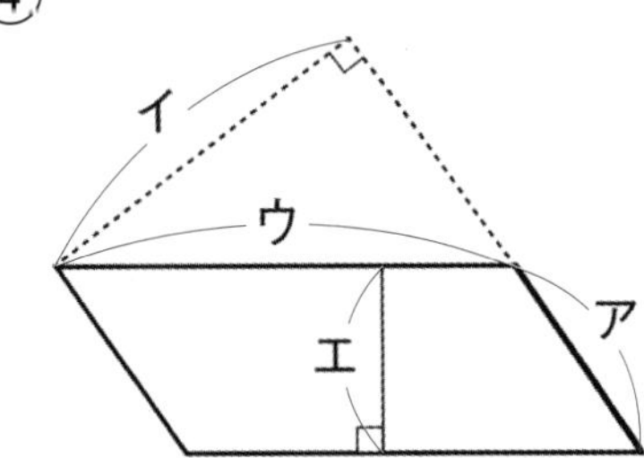

2　平行四辺形の面積を求めましょう。

①

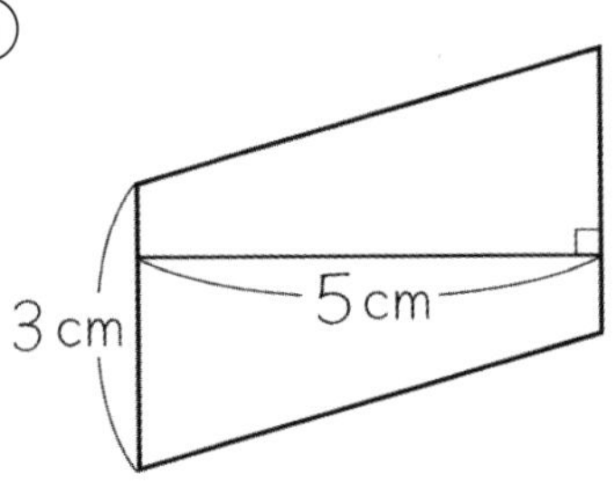

式

答え

②

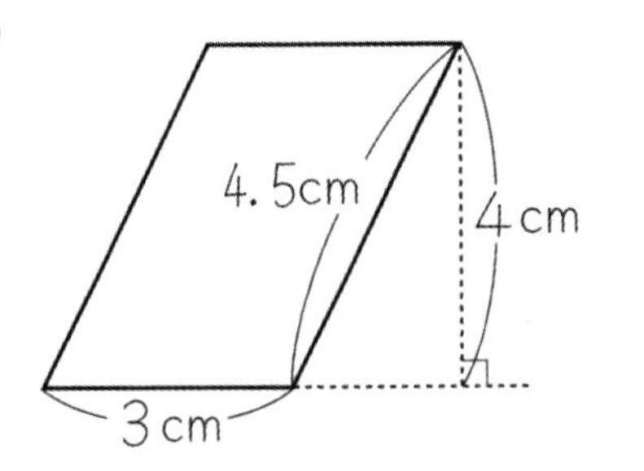

式

答え

図形の面積（3）

名前

下の三角形で、ＡＢを底辺にした場合、底辺ＡＢに垂直(すいちょく)な直線ＣＤが高さになります。

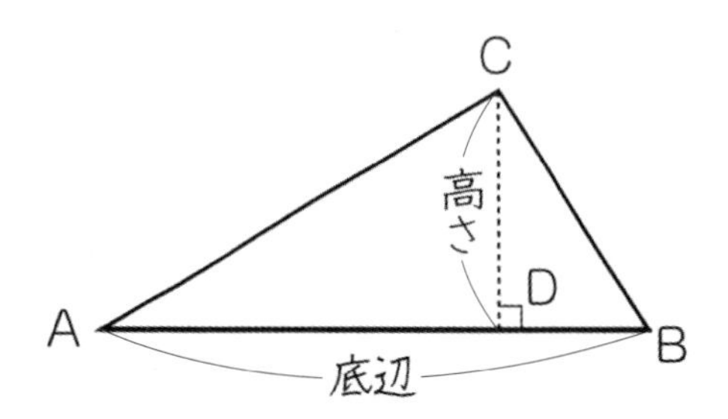

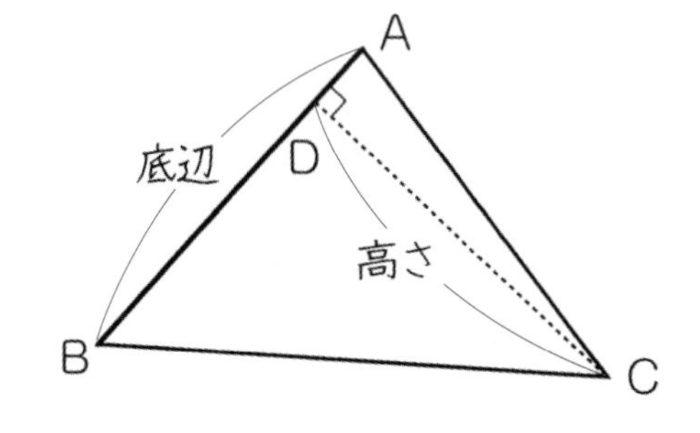

三角形の面積＝底辺×高さ÷２

✿　三角形の面積を求めましょう。

①

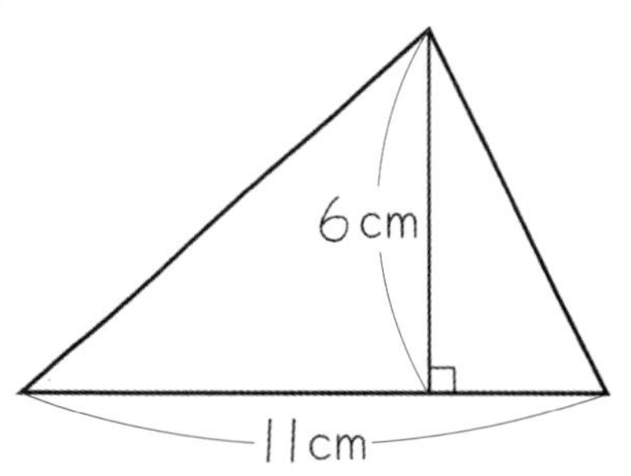

式

答え

②

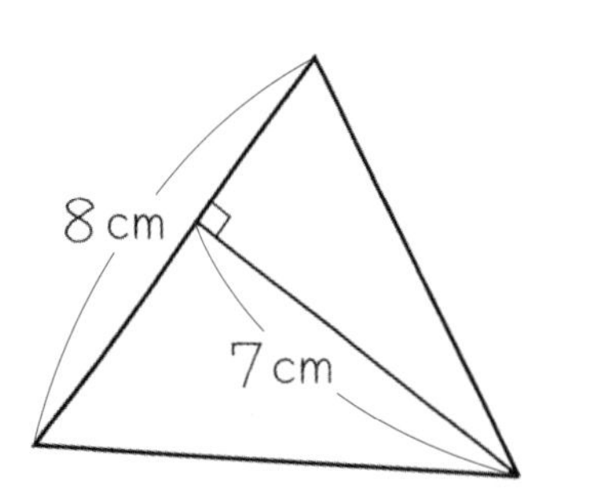

式

答え

図形の面積 (4)

名前

✿ 三角形の面積を求めましょう。

①

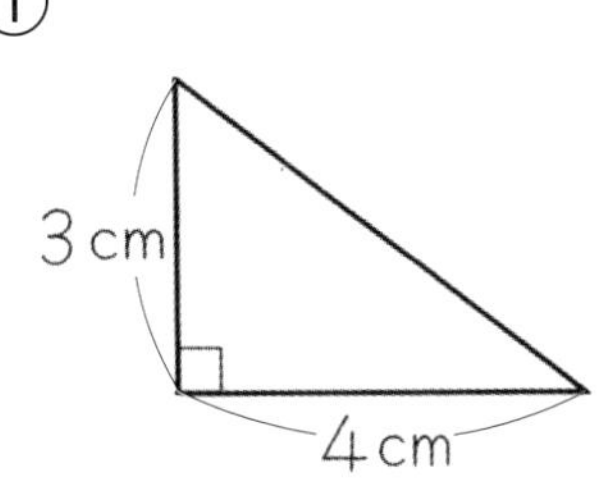

式

答え

②

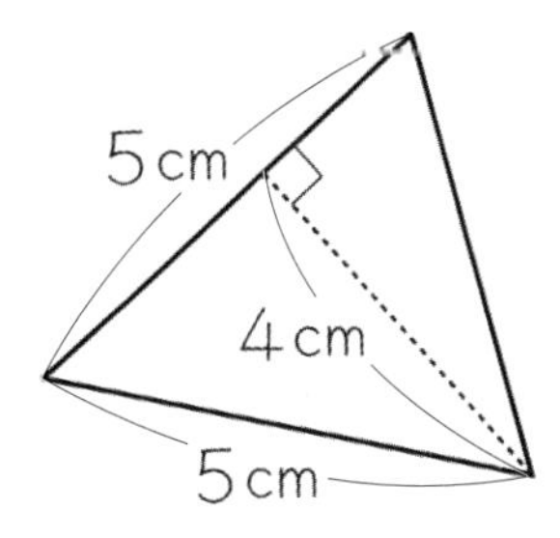

式

答え

③

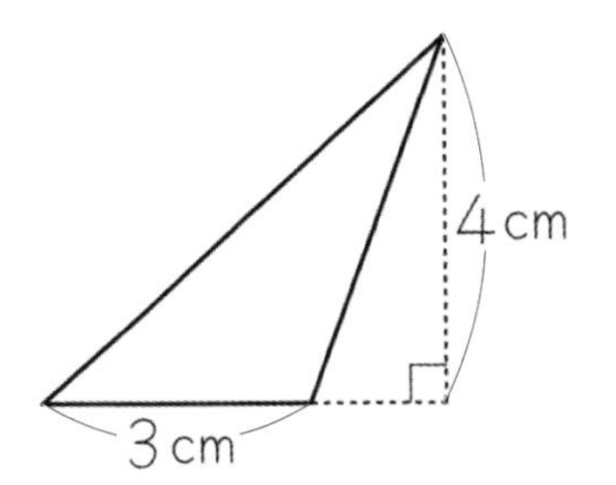

式

答え

④

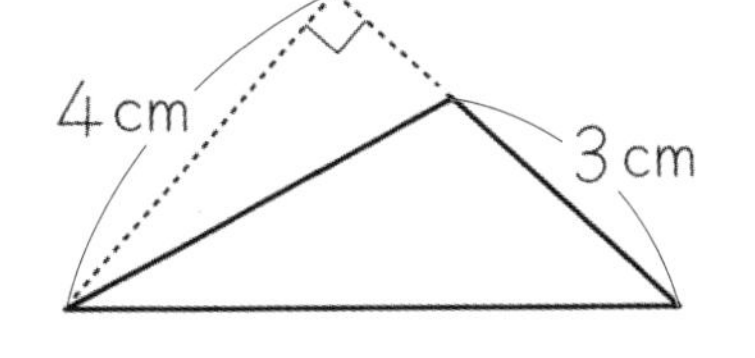

式

答え

図形の面積 (5)

名前

台形の面積の求め方を考えましょう。

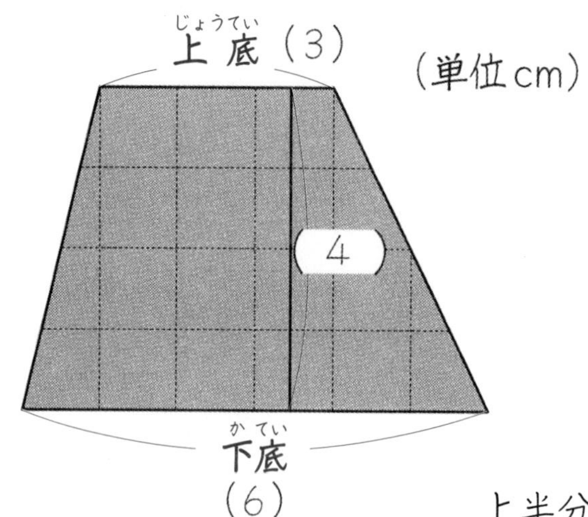

上半分を切って、逆さにしつなげると平行四辺形になります。

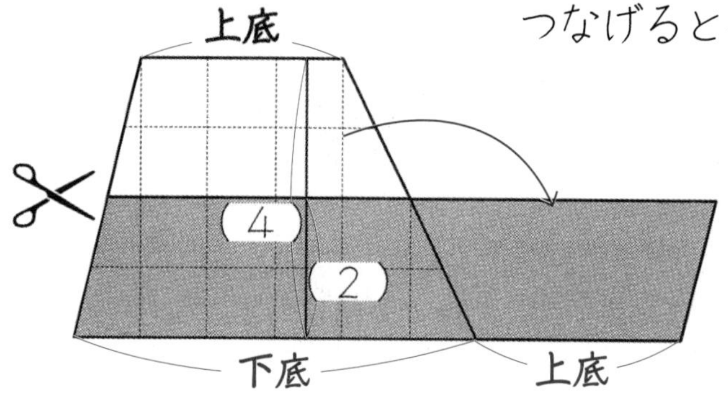

台形の面積＝（上底＋下底）×高さ÷2

✿ 台形の面積を求めましょう。(単位 cm)

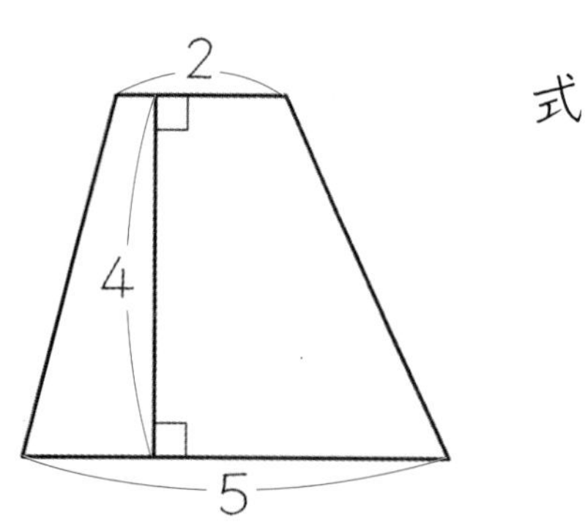

式

答え

月　　日

図形の面積 (6)

名前

ひし形の面積の求め方を考えましょう。

（単位 cm）

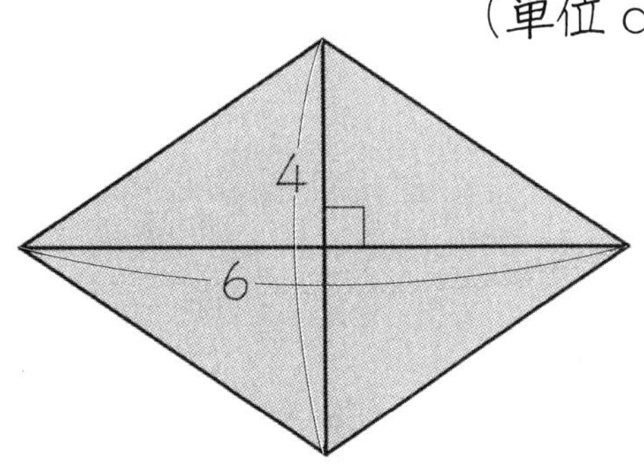

長方形ＡＢＣＤの面積

4×6＝24

ひし形の面積は、
長方形の半分ですね。

4×6÷2＝12

4cm，6cmは、それぞれひし形の対角線と同じ長さです。

ひし形の面積＝対角線×対角線÷2

✿ ひし形の面積を求めましょう。（単位 cm）

①

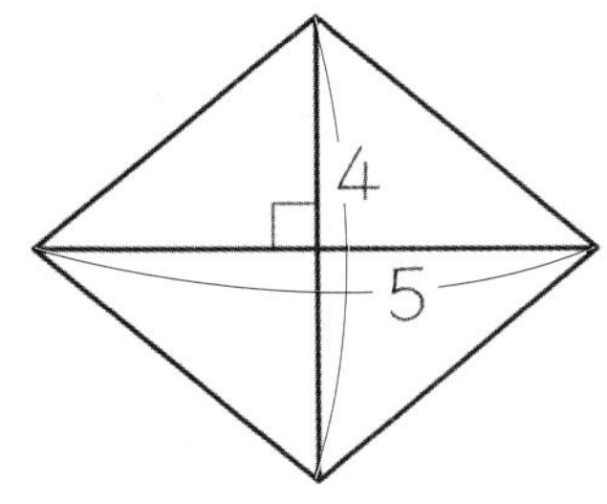

式

答え

②

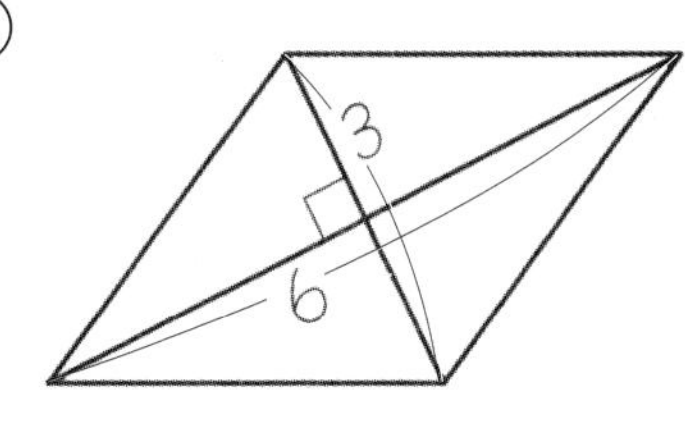

式

答え

図形の面積 まとめ (1)

月　　日

名前

次の図形の面積を求めましょう。　　(各式15点、答え10点)

① 平行四辺形

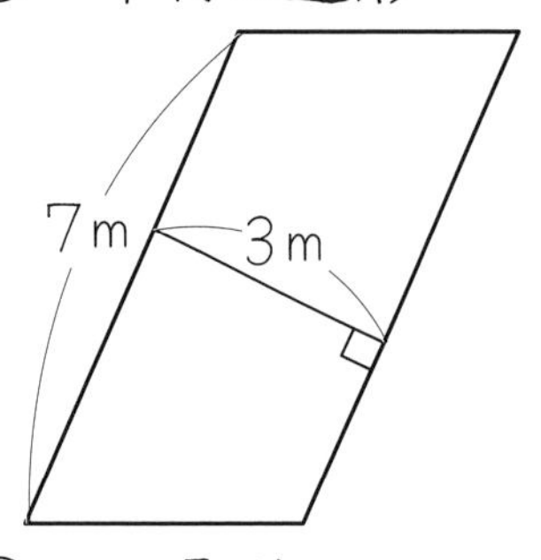

式

答え

② 三角形

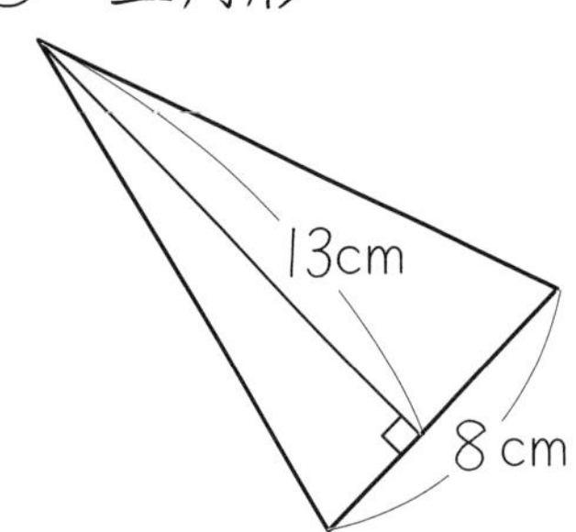

式

答え

③ 台形

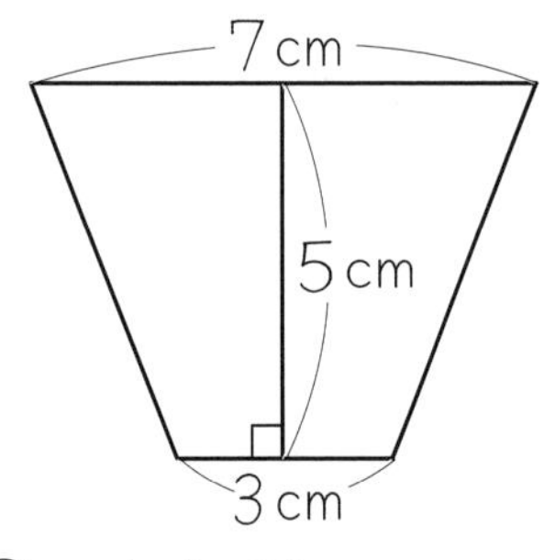

式

答え

④ ひし形

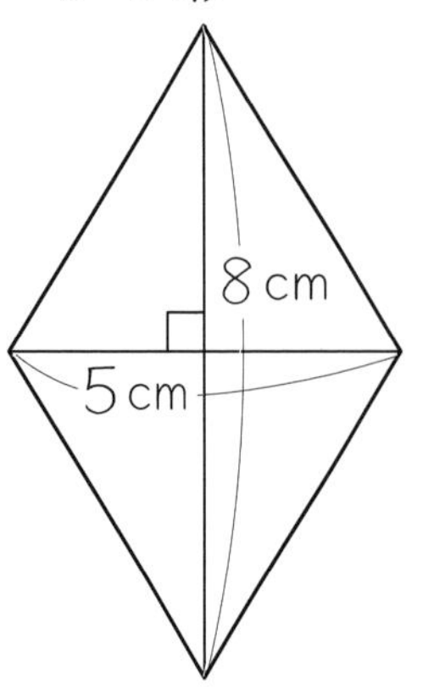

式

答え

点

図形の面積 まとめ (2)

1 四角形の面積を求めましょう。 (各式15点、答え10点)

①

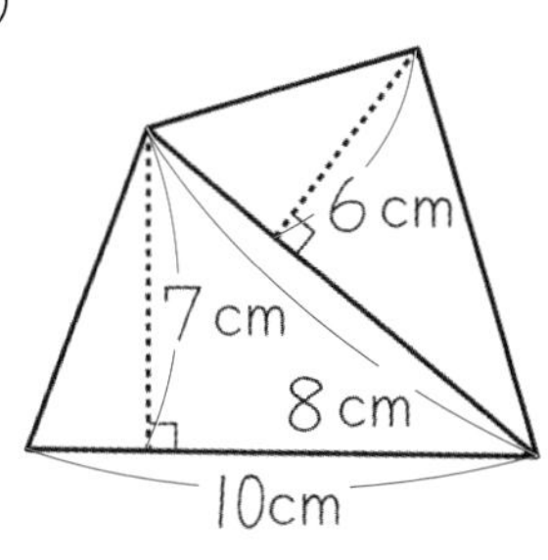

式

ヒント！

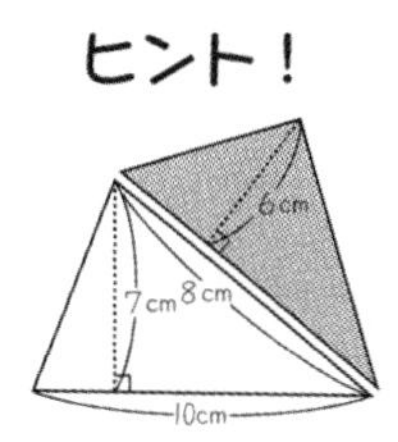

答え

②

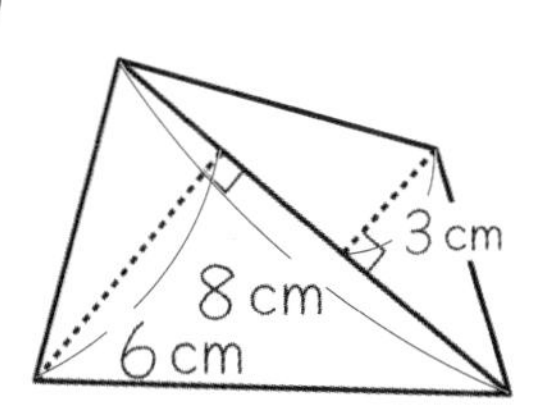

式

答え

2 色をぬった部分の面積を求めましょう。 (各式15点、答え10点)

①

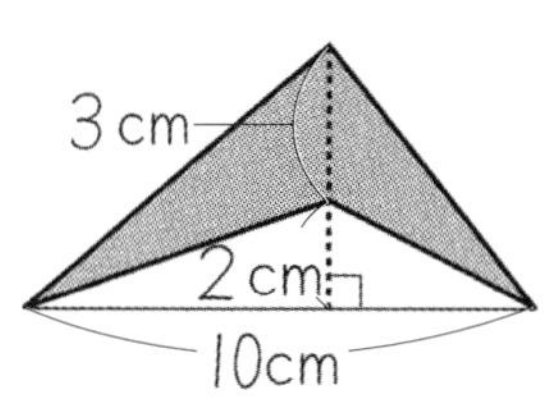

式

答え

②

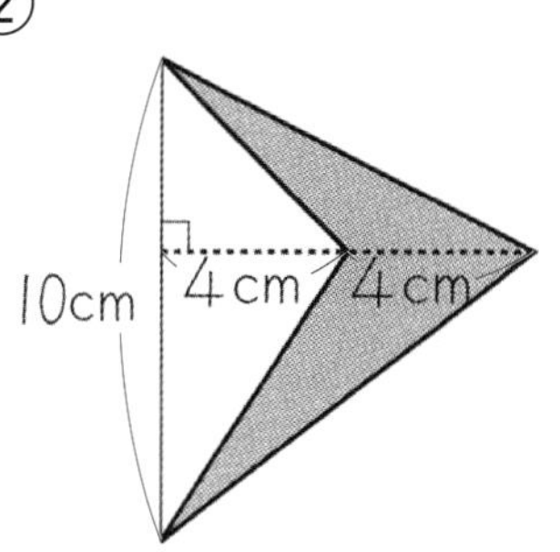

式

答え

点

月　日

割合とグラフ (1)

名前

割合(わりあい)＝くらべられる量÷もとにする量

1 5年1組は全員で35人です。男子は21人います。学級全員をもとにして男子の割合を求めましょう。

くらべられる量 ÷ もとにする量
（男子21人）　（学級の全員35人）

式

答え

2 インゲンマメの種を40個(こ)まいたうち、32個芽が出ました。芽が出た割合を求めましょう。

もとにする量はまいた種の数

式

答え

3 定員が100人のえい画館(がかん)に90人入っています。こみ具合を割合で求めましょう。

式

答え

割合とグラフ (2)

名前　　　　　　　　月　　日

1 つよしさんの体重は35kgで、お父さんの体重は70kgです。

① つよしさんの体重をもとにして、お父さんの体重の割合を求めましょう。

もとにする量はつよしさんの体重

式

答え

② お父さんの体重をもとにして、つよしさんの体重の割合を求めましょう。

もとにする量はお父さんの体重

式

答え

2 200円のこづかいのうち140円使いました。使ったこづかいの割合を求めましょう。

式

答え

割合とグラフ (3)

月　日

名前

割合（わりあい）を表すのに、**百分率**（ひゃくぶんりつ）を使うことがあります。
0.01を百分率で表すと　**1%**（1パーセント）です。

1 次の割合を、百分率で表しましょう。

① 0.02は（　　　）　② 0.45は（　　　）

③ 0.9は（　　　）　④ 1は（　　　）

⑤ 0.82は（　　　）　⑥ 1.2は（　　　）

⑦ 2は（　　　）　⑧ 0.5は（　　　）

10%は0.1　　1%は0.01

2 次の百分率を、小数（または整数）で表しましょう。

① 70%は（　　　）　② 5%は（　　　）

③ 100%は（　　　）　④ 150%は（　　　）

⑤ 50%は（　　　）　⑥ 135%は（　　　）

⑦ 220%は（　　　）　⑧ 6%は（　　　）

割合とグラフ (4)

月　日

名前

くらべられる量＝もとにする量×割合

1　5年1組は全員で35人です。そのうち60%が女子です。女子は何人ですか。

くらべられる量　＝　もとにする量　×　割合
（学級の全員35人）　（60%）

式

答え

2　定価（ていか）2000円の商品を75%のねだんで買いました。何円で買いましたか。

もとにする量は定価

式

答え

3　80個（こ）の箱をトラックからおろします。50%おろしました。何個おろしましたか。

式

答え

月　日

割合とグラフ (5)

名前

もとにする量＝くらべられる量÷割合（わりあい）

1 まさ子さんは、300円の手ぶくろを買いました。それは持っていたお金の30%だそうです。はじめ持っていたお金は何円ですか。

くらべられる量は手ぶくろのねだん

式

答え

2 「定価（ていか）の70%」と札にかいてあるシャツを630円で買いました。シャツの定価は何円ですか。

くらべられる量は買ったねだん

式

答え

3 年末のある日の新幹線（しんかんせん）は、120%の乗客で1062人だったそうです。この新幹線の定員は何人ですか。

式

答え

割合とグラフ (6)

月　日

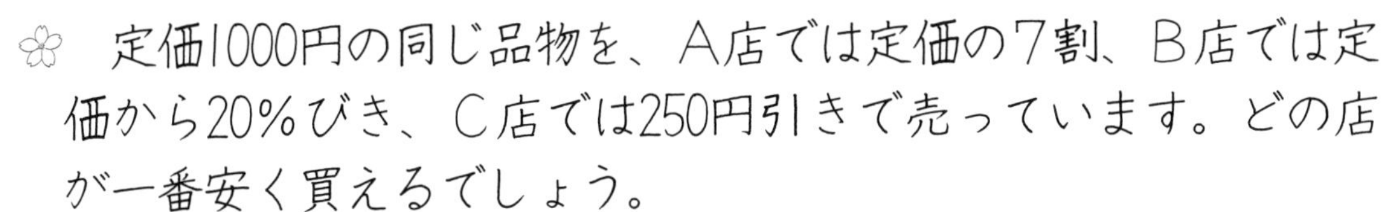

✿ 定価1000円の同じ品物を、A店では定価の7割、B店では定価から20%びき、C店では250円引きで売っています。どの店が一番安く買えるでしょう。

① A店（定価の7割）では、いくらで売っていますか。

式

答え ＿＿＿＿＿＿

② B店（定価から20%びき）では、いくらですか。

式

答え ＿＿＿＿＿＿

③ C店（250円引き）では、いくらですか。

式

答え ＿＿＿＿＿＿

④ ＿＿＿＿＿＿が一番安い。

割合とグラフ (7)

月　　日

> 下のようなグラフを **帯グラフ** といいます。
> めもりが帯の外にあることもあります。

✿ 次のグラフは、たかしさんの家の前の道路を通った乗り物について、その種類と割合（わりあい）を表したものです。

乗用車	トラック	自転車	バイク	バス	その他

0　10　20　30　40　50　60　70　80　90　100（%）

① それぞれ全体の何%ですか。

㋐ 乗用車 ＿＿＿＿＿＿＿＿

㋑ トラック ＿＿＿＿＿＿＿＿

㋒ 自転車 ＿＿＿＿＿＿＿＿

㋓ バイク ＿＿＿＿＿＿＿＿

㋔ バス ＿＿＿＿＿＿＿＿

② 調査（ちょうさ）した乗り物は全部で200台でした。乗用車の台数は、何台でしたか。

式

答え ＿＿＿＿＿＿＿＿

③ 自転車は何台でしたか。

式

答え ＿＿＿＿＿＿＿＿

月　日

割合とグラフ (8)

名前

1 下のグラフを見て、あとの問いに答えましょう。

日本の年代別人口

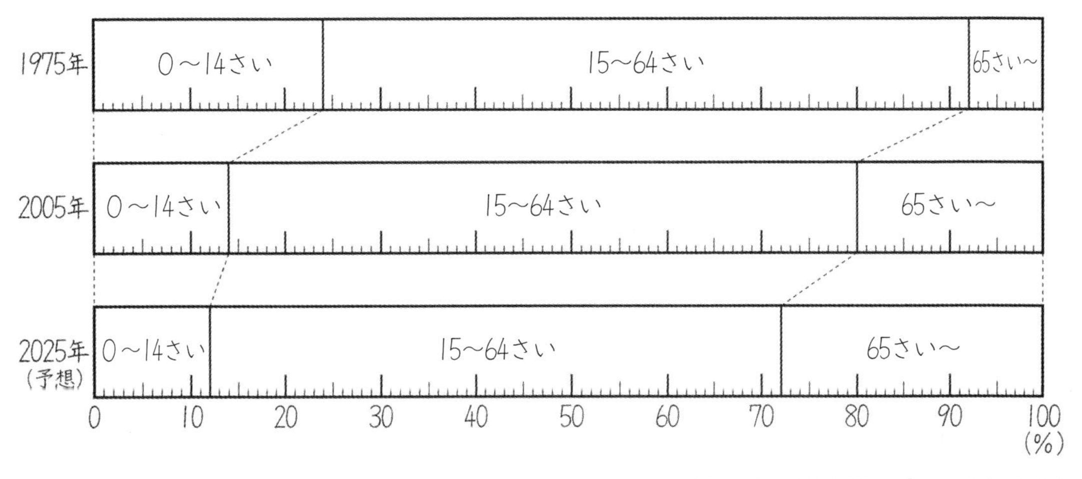

(第一生命経済研レポートより作成)

① 「0～14さい」の割合は、どう変化していますか。

(　　　　　　　　　　　　　　　　　　　　　　　　　)

② 「65さい～」の割合は、どう変化していますか。

(　　　　　　　　　　　　　　　　　　　　　　　　　)

2 次の表は、5年生の好きな教科の人数を調べたものです。これを帯グラフに表しましょう。

5年生の好きな教科

教科	体育	算数	音楽	国語	理科	その他	合計
割合	40	20	15	10	5	10	100

5年生の好きな教科

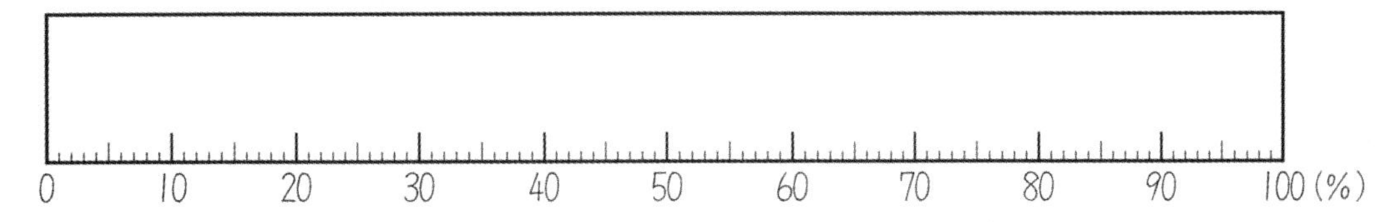

月　日

割合とグラフ (9)

名前

✿ 次のグラフは、ある町の家ちくの割合(わりあい)を調べたものです。

ある町の家ちく

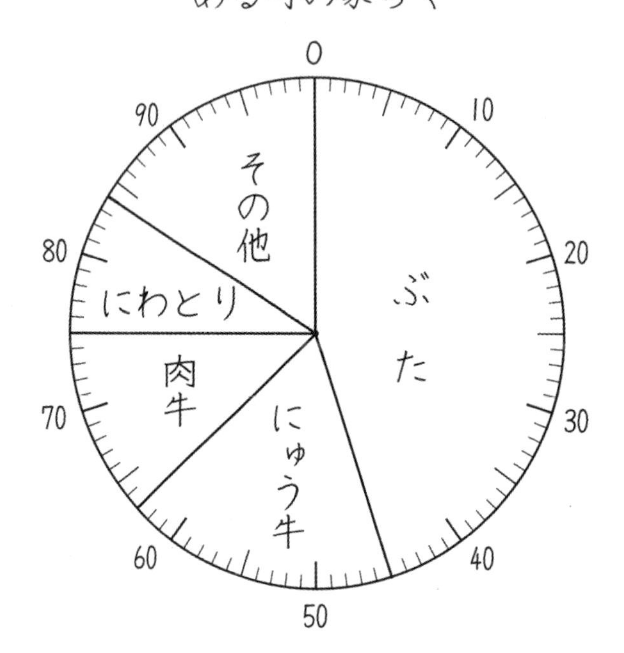

右のようなグラフを**円グラフ** といいます。円周を100等分し、それぞれの割合をパーセントで表します。

それぞれの家ちくの割合は全体の何%ですか。

① ぶた

答え ________

② にゅう牛

答え ________

③ 肉牛

答え ________

④ にわとり

答え ________

⑤ その他

答え ________

月　　日

割合とグラフ ⑽

名前

✿ 次のグラフは、学校を休んだ人の理由の割合を円グラフに表したものです。

① かぜで休んだ人は、全体の何％ですか。

答え

② 熱、頭痛、腹痛は、それぞれ全体の何％ですか。

㋐ 熱

㋑ 頭痛

㋒ 腹痛

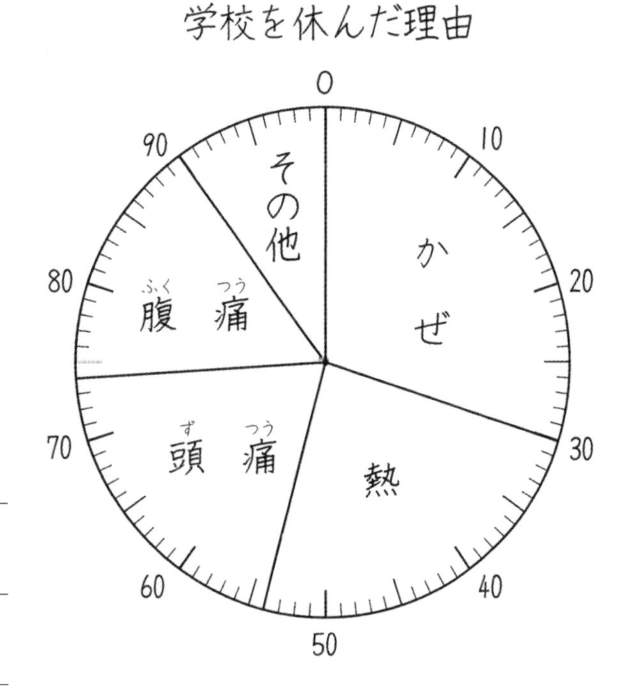

③ 休んだ人は、全員で50人でした。かぜで休んだ人は、何人ですか。

式

答え

④ 頭痛で休んだ人は、何人ですか。

式

答え

月　日

割合とグラフ ⑾

名前

✿ 次の表は、けがで保健室にやってきた人を表しています。

① 全体をもとにして、それぞれのけがの割合を百分率（ひゃくぶんりつ）で表し、表にかきこみましょう。

けがで保健室にきた人（１学期）

種類	人数(人)	百分率(%)
すりきず	96	㋐
打ぼく	72	㋑
切りきず	48	㋒
つき指	30	㋓
その他	54	㋔
合計	300	100

② 割合に合わせてめもりを区切り、円グラフに表しましょう。

けがで保健室にきた人（１学期）

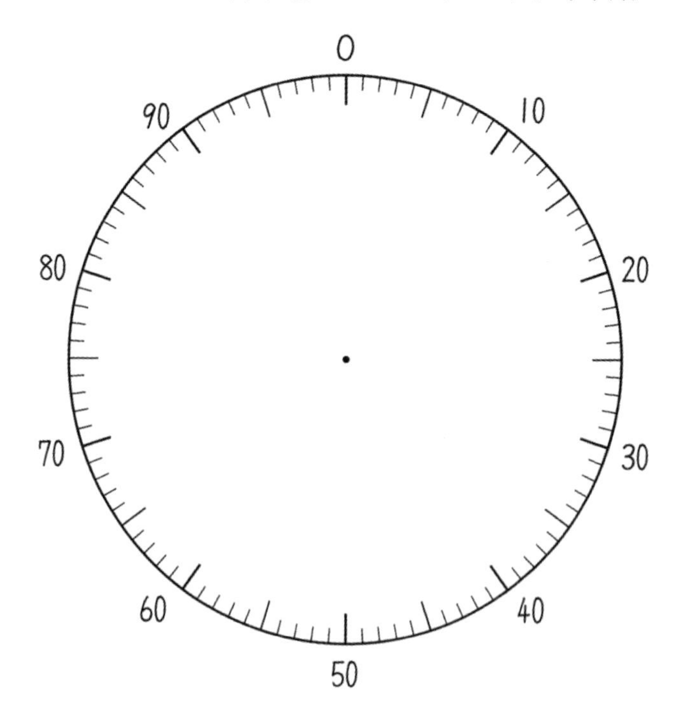

月　　日

単位量あたりの大きさ (1)

名前

何個かの大きさの量や数を、同じ大きさになるようにならしたものを、もとの量や数の **平均** といいます。

平均＝合計÷個数

1　たまごの重さの平均は、何gですか。

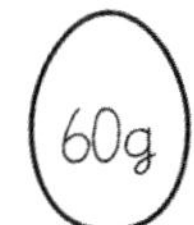

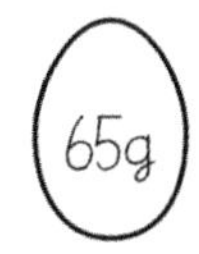

式

答え

2　あゆみさんのテストの平均点を求めましょう。

教科	国語	社会	算数	理科
点数	80	90	100	82

式

答え

3　まきおさんの漢字テストの平均点を求めましょう。

回	1回目	2回目	3回目	4回目	5回目	6回目
点数	8	9	10	9	8	10

式

答え

単位量あたりの大きさ (2)

名前　　　　　　　　　　月　　日

いくつかのグループで、人数がことなる場合は、平均(へいきん)を求めてくらべる場合もあります。

1　Aグループは、6人で本を900ページ読みました。Bグループは、5人で本を800ページ読みました。

1人平均でくらべると、どちらのグループがたくさん読んだでしょう。

式

答え

2　みかん箱が2箱あり、それぞれの箱では、同じくらいの大きさのみかんが入っています。

Aの箱は、みかんが30個(こ)で、2400gありました。Bの箱は、みかんが20個で2000gでした。どちらの箱のみかんが大きいと考えられますか。

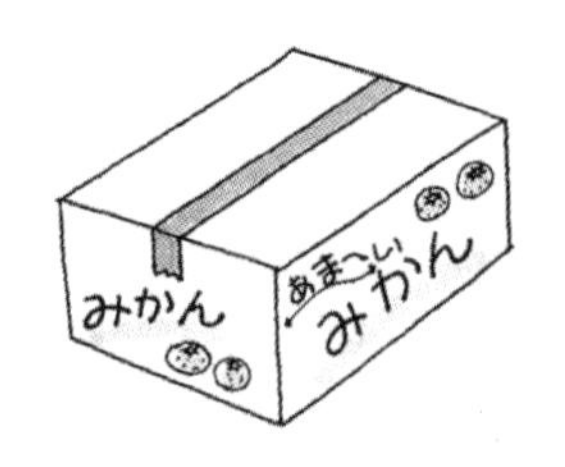

式

答え

月　　日

単位量あたりの大きさ (3)

名前

1 じろうさんは、9回の漢字テストの平均点が90点でした。

① 合計点は何点ですか。

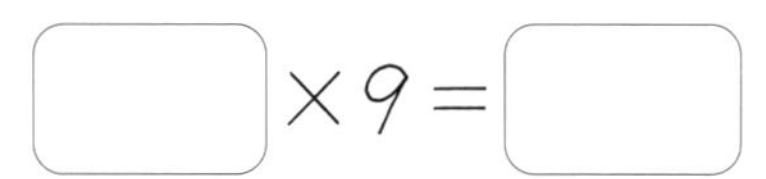

□×9＝□

答え

② 10回目のテストで、じろうさんは100点をとりました。
10回の平均点は何点ですか。

(□＋100)÷10＝□

答え

2 としおさんの算数テスト7回の平均点は80点でした。8回目に100点をとると、平均点は何点になりますか。

(□×7＋□)÷8＝□

答え

単位量あたりの大きさ (4)

月　日

名前

1　5年1組でソフトボール投げをしました。記録の平均(へいきん)は、右の表の通りです。

5年1組全体の記録の平均は、何mになりますか。

平均 ＝ 全体の合計 ÷ 人数

ソフトボール投げの記録

	人数	記録の平均
女子	18人	16m
男子	22人	26m

式

答え

2　親子ハイキングで、みかんがりにいきました。子どもが食べた平均は、右の表の通りです。

参加者全体では、310個(こ)のみかんを食べました。親は1人平均何個食べたでしょう。

食べたみかんの数の平均

	人数	食べた平均
子ども	30人	5個
親	20人	？個

式

答え

月　日

単位量あたりの大きさ (5)

名前

こみ具合をくらべるとき、1両あたり、1 m^2 あたり、たたみ1まいあたり何人などのように**単位量あたりの大きさ**を求めてくらべることがあります。

✿ こみ具合について考えましょう。

① 朝、6両の電車に660人が乗っていました。夕方、6両の電車に540人が乗っていました。朝と夕方とでは、どちらがこんでいますか。計算しないで考えましょう。

答え

② 日曜日に、6両の電車に660人が乗っていました。月曜日に8両の電車に660人が乗っていました。日曜日と月曜日では、どちらがこんでいますか。計算しないで考えましょう。

答え

③ 1両あたりの人数を計算しましょう。

㋐ 6両に660人

式

答え

㋑ 6両に540人

式

答え

㋒ 8両に660人

式

答え

④ ③の㋐、㋑、㋒では、どれが一番こんでいますか。

答え

月　日

単位量あたりの大きさ (6)

名前

林間学校の部屋わりが、右の表のように決まりました。

部屋名	1号室	2号室	3号室
たたみの数	8まい	8まい	6まい
人　数	5人	4人	4人

✿　こみ具合について考えましょう。

① 1号室と2号室（たたみの数が同じ）

人数が多い［　　号室］がこんでいます。

② 2号室と3号室（人数が同じ）

たたみの数が少ない［　　号室］がこんでいます。

③ 1号室と3号室（たたみの数も人数もちがう）

ⓐ たたみ1まいあたりの人数

・1号室　　5÷8＝0.625
・3号室　　4÷6＝0.666…

たたみ1まいあたり、たくさんの人がいる［　　号室］がこんでいます。

ⓘ 1人あたりのたたみのまい数

・1号室　　8÷5＝1.6
・3号室　　6÷4＝1.5

1人あたりのたたみのまい数が少ない［　　号室］がこんでいます。

④ こんでいる順に部屋番号をかきましょう。

（　　号室）→（　　号室）→（　　号室）

月　日

単位量あたりの大きさ (7)

名前

1 6mで1200円のリボンがあります。1mのねだんは、いくらですか。

式

答え

2 3.5mで700円のリボンがあります。1mのねだんは、いくらですか。

式

答え

3 0.7mで140円のリボンがあります。1mのねだんは、いくらですか。

式

答え

4 2mで500円の赤いリボンと、4mで900円の青いリボンがあります。
1mあたりでくらべると、どちらが安いですか。

式

答え

月　日

単位量あたりの大きさ (8)

名前

1　4m^2の学習園に、500ｇの肥料(ひりょう)をまきました。1m^2あたり何ｇの肥料をまいたことになりますか。

式

答え

2　3m^2の学習園に、360ｇの肥料をまきました。1m^2あたり何ｇの肥料をまいたことになりますか。

式

答え

3　学習園に、1m^2あたり100ｇの肥料をまきます。肥料は2kg必要です。学習園の面積を求めましょう。（1kg＝1000ｇ）

式

答え

4　学習園5m^2に、500ｇの肥料をまきました。学習園全体に同じようにまくと、肥料が2.5kg必要です。学習園全体の広さは、何m^2ですか。

式

答え

月　日

単位量あたりの大きさ (9)

名前

１Lのガソリンで何km走ることができるかを、**車の燃費**（ねんぴ）といいます。

1　20Lのガソリンで600km走った車は、１Lのガソリンで何km走ったことになりますか。

式

答え

2　ガソリン１Lで30km走る車があります。240km走るには、何Lのガソリンが必要ですか。

式

答え

3　30Lのガソリンで840km走った車Aと、20Lのガソリンで550km走った車Bがあります。

１Lあたりのガソリンで、長く走れる車はどちらですか。

式

答え

月　日

単位量あたりの大きさ ⑽

名前

1 km^2あたりの人口を人口密度（じんこうみつど）といいます。

1 面積が8 km^2で、人口24000人の町があります。1 km^2あたりの人口は、何人ですか。

式

答え

2 面積が日本で一番せまい都市の埼玉県（さいたま）蕨（わらび）市は、人口74576人で、面積は約5.1 km^2です（2018年）。蕨市の人口密度を整数で表しましょう。

式

答え

3 面積が日本で一番広い都市の岐阜県（ぎふ）高山市は、人口約89208人で、面積は約2180 km^2です（2018年）。高山市の人口密度を整数で表しましょう。

式

答え

月　日

速　さ (1)

名前

1　右の表は、みかさんとゆみさんとあゆさんの50m 走の記録です。一番速く走ったのは、だれですか。

みか	8.6秒
ゆみ	8.0秒
あゆ	8.4秒

答え ＿＿＿＿＿＿

2　ゆうたさんとのりおさんは、10秒でどれだけ走ることができるか競走しました。どちらが速く走りましたか。

10秒間に走ったきょり	
ゆうた	66m
のりお	63m

答え ＿＿＿＿＿＿

3　下の表は、たけしさんとあきらさんが、家へ帰ったときの記録です。

	時間（分）	道のり（m）
たけし	15	1050
あきら	12	900

①　１分間に歩く道のりを求めましょう。

たけしさん　式　＿＿＿＿＿＿ m

あきらさん　式　＿＿＿＿＿＿ m

②　どちらが速く歩きましたか。　答え ＿＿＿＿＿＿

※　速さを比（くら）べるとき、１分間あたりの速さ（または、１時間あたり、１秒間あたり）のように、単位量あたりのきょり（道のり）で比べることができます。

速　さ (2)

名前

速さは、単位時間あたりの道のりで表します。
速さ＝道のり÷時間

み
㋩×じ

速さを求めましょう。

1　4時間で200kmの道のりを進んだ自動車の時速は、何kmですか。

式

答え

2　10分間に4000mの道のりを走る自動車の分速は、何mですか。

式

答え

3　5秒間に1700m伝わる音の秒速は、何mですか。

式

答え

速　さ (3)

月　　日

名前

道のりは、速さとかかった時間で表します。
道のり＝速さ×時間

㋯
は×じ

道のりを求めましょう。

1 時速60km で走る自動車が２時間に進む道のりは、何 km ですか。

式

答え

2 分速70m で歩く人が15分間で歩く道のりは、何 m ですか。

式

答え

3 打ち上げ花火を見て、６秒後に音が聞こえました。音の速さは、秒速340m とすると、花火をあげているところまで何 m ですか。

式

答え

速　さ (4)

月　　日

名前

時間は、道のりを速さでわって表します。
時間＝道のり÷速さ

み
は×じ

時間を求めましょう。

1　150km はなれたおじさんの家へ行きます。時速50km でいくと何時間かかりますか。

式

答え

2　家から学校まで600m の道のりを分速50m で歩くと学校まで何分かかりますか。

式

答え

3　秒速340m で進む音が1700m はなれたところに届く時間は何秒ですか。

式

答え

月　　日

速　さ (5)

名前

1 時速504kmで走るリニアモーターカーは、1秒間には何m進みますか。

1時間　504km ＝504000m

1分間　504000÷60＝8400

1秒間

式

答え　1秒間に

2 次の表にあてはまる速さをかきましょう。

	秒速	分速	時速
バス	10m	① m	② km
新幹線（しんかんせん）	③ m	4500m	④ km
ジェット機	⑤ m	⑥ m	864km

3 プリンタAは2分間で50まい、プリンタBは5分間で120まい印刷できます。速く印刷できるのは、どちらのプリンタですか。

式

答え

月　　日

速さ まとめ (1)

名前

1　30kmはなれた公園へ自転車で行ったら、２時間かかりました。自転車の時速は何kmですか。　(式15点、答え10点)

式

答え

2　20分間で2100mの道のりを歩く人の分速は、何mですか。

式　(式15点、答え10点)

答え

3　分速750mで走る自動車が４分間で進む道のりは、何mですか。　(式15点、答え10点)

式

答え

4　家から駅まで1050mの道のりを、分速70mで歩くと、駅まで何分かかります。　(式15点、答え10点)

式

答え

点

月　日

名前

速さ まとめ (2)

1 父は、自動車を運転して５時間で450kmの道のりを走りました。この自動車の時速は何kmですか。 （式15点、答え10点）

式

答え

2 新幹線（しんかんせん）みずほは、新大阪駅から鹿児島中央駅までを時速約180kmで５時間かけて走ります。新大阪駅から鹿児島中央駅までおよそ何kmですか。 （式15点、答え10点）

式

答え

3 180kmはなれた湖まで、自動車で時速60kmでいくと何時間かかりますか。 （式15点、答え10点）

式

答え

4 東京から時速180kmで走る新幹線はやぶさに乗って、540km先の駅へ向かいます。駅にとう着するまでの時間は、何時間ですか。 （式15点、答え10点）

式

答え

点

かんたんな比例

月　　日

名前

２つの量□と○があって、□の値（あたい）が２倍、３倍、……になると、それに対応する○の値も２倍、３倍、……になるとき、○は□に**比例（ひれい）**するといいます。

1　次の表は、空（から）の水そうに水を入れたときの水の量□Ｌと、水の深さ○ cm の関係を表したものです。あいているところに数をかきましょう。

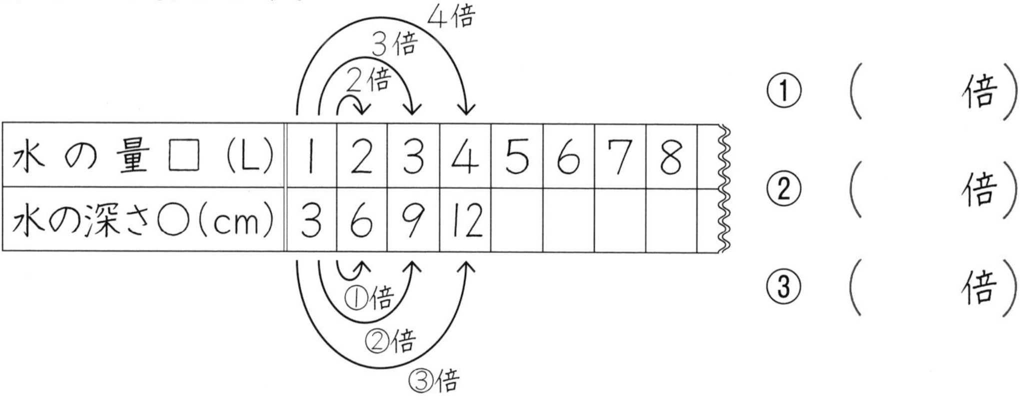

水の量□（L）	1	2	3	4	5	6	7	8
水の深さ○（cm）	3	6	9	12				

①（　　　倍）

②（　　　倍）

③（　　　倍）

2　１本40円のえん筆を買うときの本数□とその代金○円は、比例します。

$\frac{1}{3}$　$\frac{1}{2}$

本数□（本）	1	2	3	4	5	6
代金○（円）						

$\frac{1}{3}$　$\frac{1}{2}$

①　表に代金をかきましょう。

②　えん筆の本数が$\frac{1}{2}$になると、代金も（　　　　）になります。

月　日

角柱と円柱 (1)

名前

下のような立体を**角柱**(かくちゅう)といいます。

形も大きさも同じで、平行な2つの面を**底面**(ていめん)といいます。

周りの四角形の面は**側面**(そくめん)といいます。底面や側面のように平らな面を平面といいます。

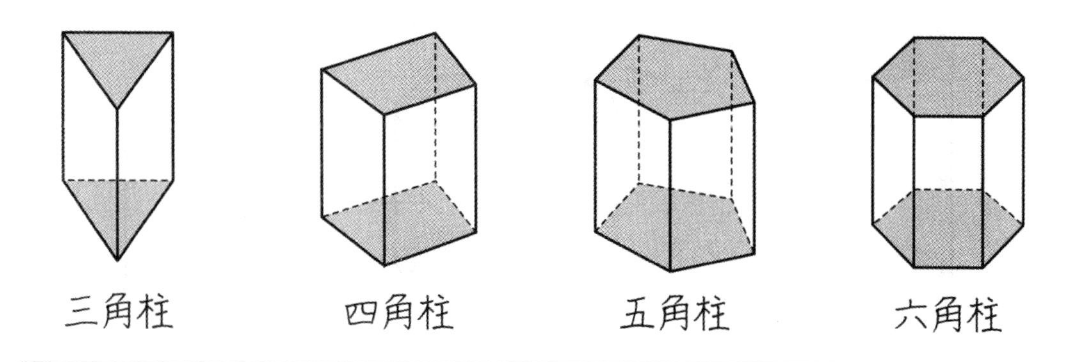

角柱は、底面の形によって名前をつけます。直方体や立方体は、四角柱とみることができます。

✿ (　　)に名前をかきましょう。

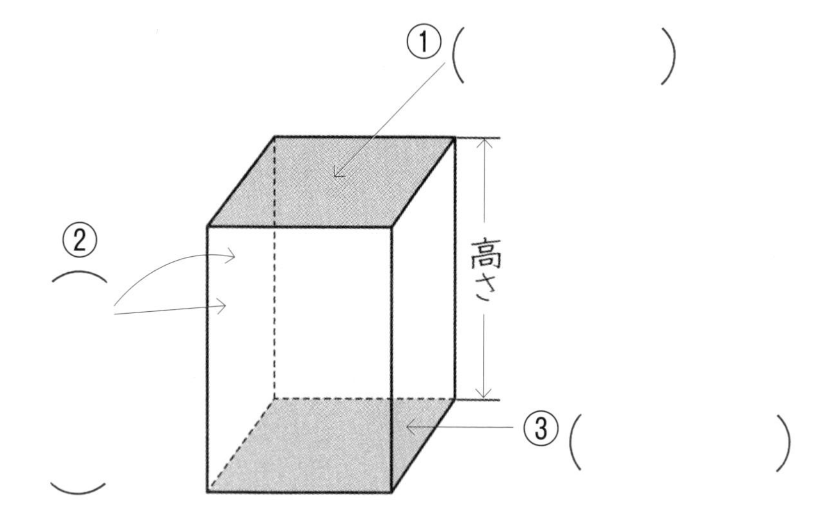

月　日

角柱と円柱 (2)

名前

下のような立体を **円柱**(えんちゅう) といいます。
大きさが同じで、平行な２つの円の面を **底面** といいます。
周りの面を **側面** といいます。
円柱の側面は、平面でなく **曲面**(きょくめん) になっています。

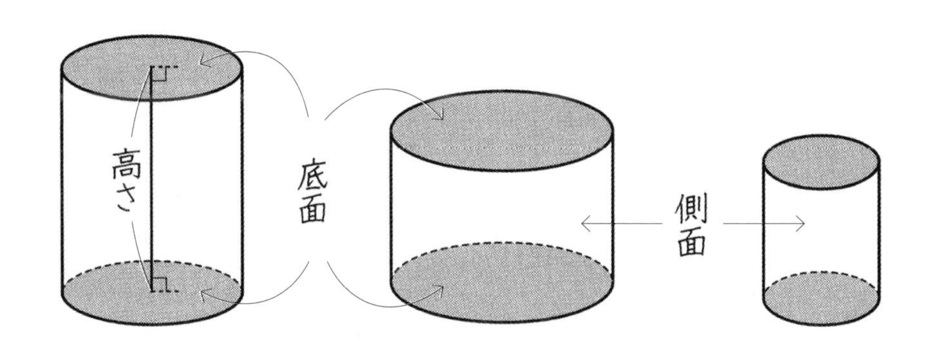

✿ 下の立体の側面を、太い線のところで切り開くと何という形ができますか。

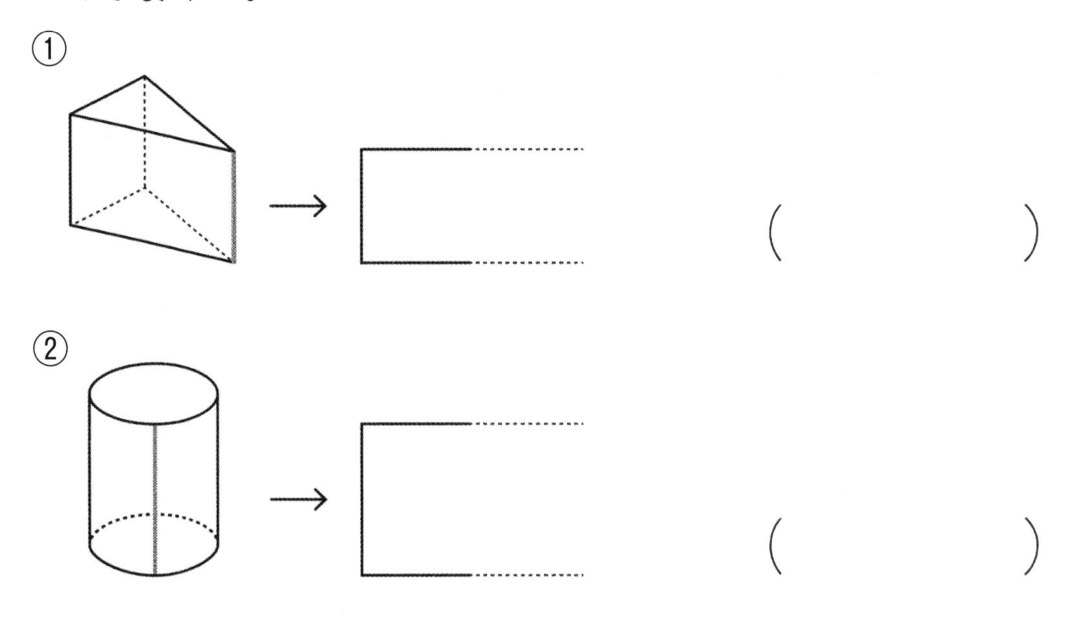

角柱と円柱 (3)

名前

月　　日

✿ 下の図を見て答えましょう。

㋐

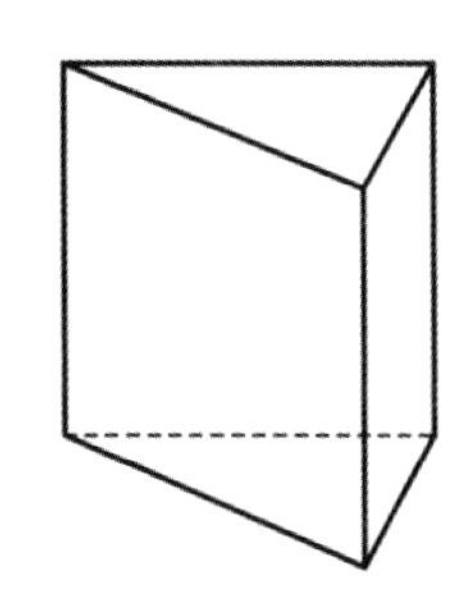

㋑

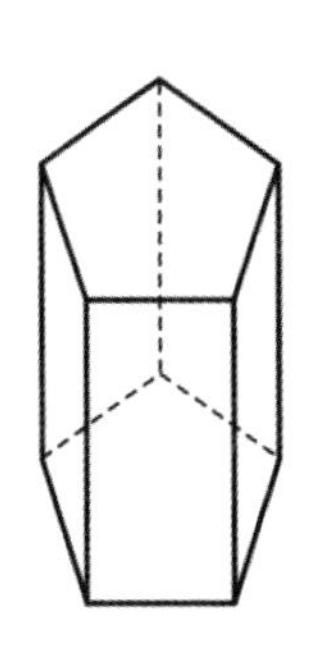

㋒

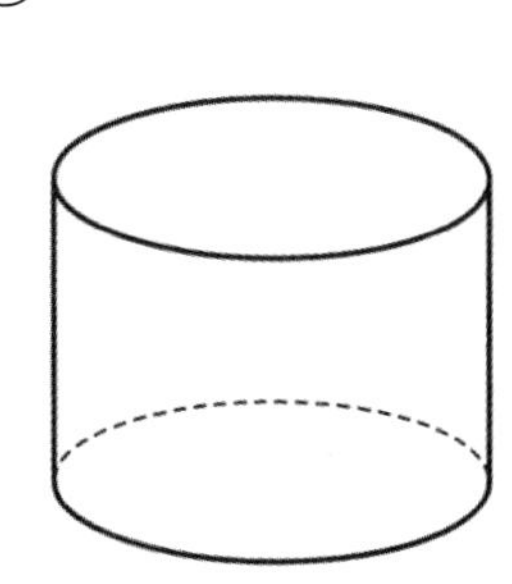

① 次の表にあてはまる数や言葉をかき、表を完成させましょう。

	㋐	㋑	㋒
立体の名前			
頂点(ちょうてん)の数			
辺の数			
側面の数			
底面の形			

② ㋐の面と平行な面に色をぬりましょう。

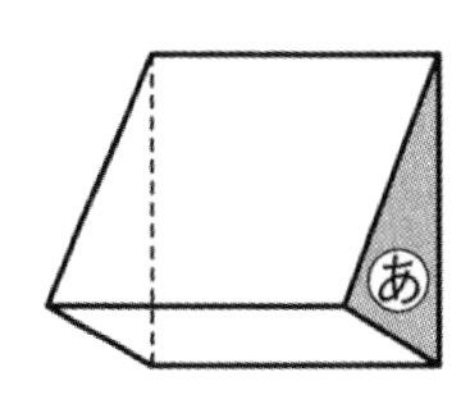

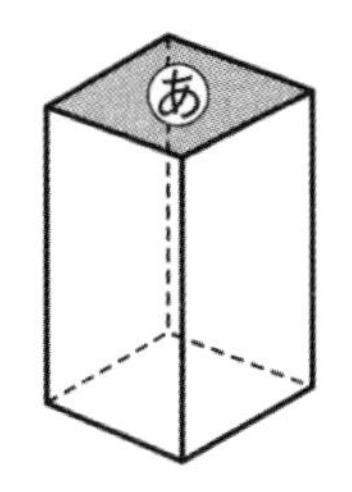

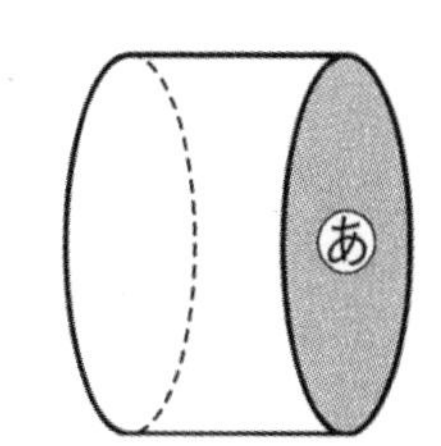

角柱と円柱 (4)

月　日

名前

✿ 太い線の辺で切って三角柱の展開図（てんかいず）をかきましょう。

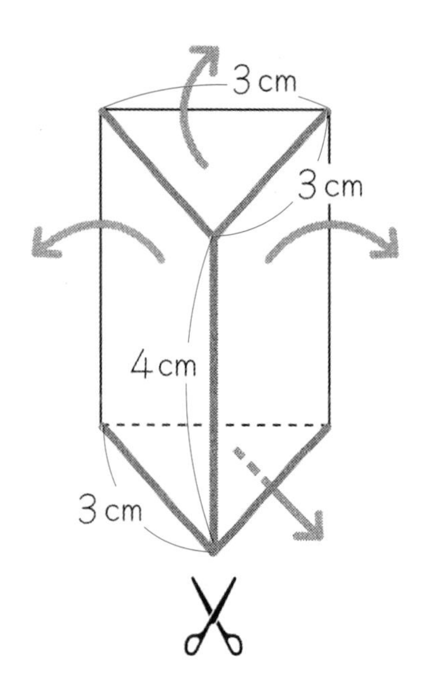

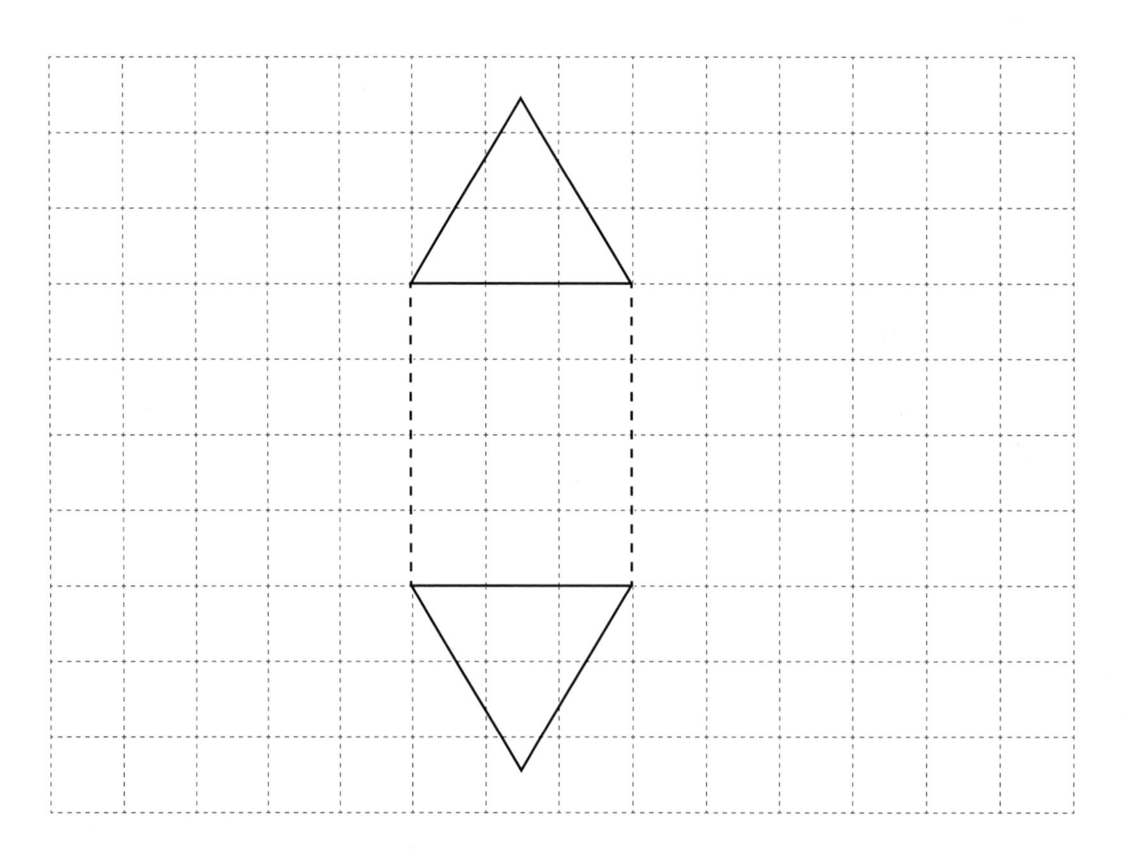

角柱と円柱 (5)

名前

月　　日

✿ 四角柱の展開図をかきましょう。

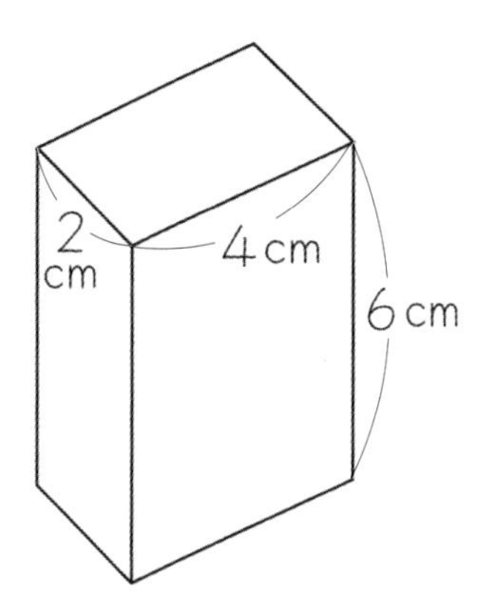

答　え

〔P. 3〕

1 偶数　0，2，4，6，8，10
12，14，16，18，20
奇数　1，3，5，7，9，11
13，15，17，19

2 ①　キ　②　グ　③　キ
④　グ　⑤　グ　⑥　グ
⑦　キ　⑧　キ

3 ①　グ　②　グ　③　キ

〔P. 4〕

1 6，12，18
2 6
3 12
4 12

〔P. 5〕

①　6　②　15
③　10　④　28
⑤　30　⑥　14
⑦　42　⑧　21

〔P. 6〕

①　4　②　12
③　8　④　9
⑤　10　⑥　12
⑦　30　⑧　15

〔P. 7〕

①　18　②　24
③　20　④　24
⑤　24　⑥　72
⑦　48　⑧　54

〔P. 8〕

1 1，2，3，4，6，12
2 ①　1，2，4，8
②　1，3，9

〔P. 9〕

①　1，3，5，15
②　1，2，4，8，16
③　1，17
④　1，2，3，6，9，18
⑤　1，2，4，5，10，20
⑥　1，3，7，21
⑦　1，2，3，4，6，8，12，24
⑧　1，2，4，7，14，28

〔P. 10〕

①　（1，5）
10の約数　1，2，5，10
15の約数　1，3，5，15
②　（1，2，3，6）
12の約数　1，2，3，4，6，12
18の約数　1，2，3，6，9，18
③　（1，2，4）
20の約数　1，2，4，5，10，20
8の約数　1，2，4，8

〔P. 11〕

1 12
2 ①　4　②　6
③　9　⑩　10

〔P. 12〕

1 ①　14　②　6
③　30　④　36
⑤　30　⑥　48
2 ①　4　②　10
③　5　④　9

〔P. 13〕

1 ①　キ　②　グ　③キ　④　グ
2 36と48の最大公約数は12
12cm
3 8と6の最小公倍数は24
24cm

〔P. 14〕

1 ①　3，1，4
②　4，2，1，9，5
2 ①　2　②　5
③　1　④　0

〔P. 15〕

1
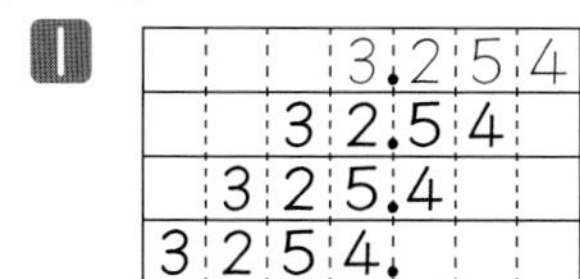

2 ① 35.7　② 607.3
③ 15494　④ 32
⑤ 195

〔P. 16〕

1
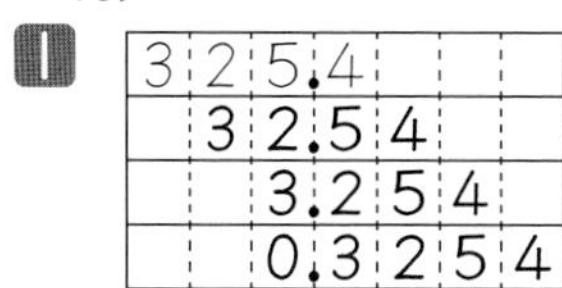

2 ① 31.25　② 3.125
③ 0.36　④ 2.58
⑤ 0.4376

〔P. 17〕

① 22.8　② 22.2　③ 34.4
④ 8.82　⑤ 5.29　⑥ 9.92
⑦ 7.74　⑧ 7.65　⑨ 6.65

〔P. 18〕

① 37.13　② 12.73　③ 65.28
④ 92.12　⑤ 30.24　⑥ 26.46
⑦ 21.12　⑧ 41.04　⑨ 88.11

〔P. 19〕

① 40.5　② 26.4　③ 15.5
④ 34.2　⑤ 21　⑥ 36
⑦ 11　⑧ 18　⑨ 27

〔P. 20〕

① 5.6　② 1.5　③ 2.4
④ 7.2　⑤ 17.5　⑥ 9.4
⑦ 0.18　⑧ 0.21
⑨ 0.48　⑩ 0.81　⑪ 0.12

〔P. 21〕

① 0.06　② 0.09
③ 0.08　④ 0.08　⑤ 0.06
⑥ 0.3　⑦ 0.2
⑧ 0.1　⑨ 0.4　⑩ 0.3

〔P. 22〕

① 33.6　② 0.49　③ 0.4
④ 6.88　⑤ 35.91　⑥ 44.82
⑦ 64.5　⑧ 40.3

〔P. 23〕

1 5
2 ① 5　② 6
③ 5　④ 4

〔P. 24〕

① 7
② 4　③ 6
④ 8　⑤ 9

〔P. 25〕

① 16
② 13　③ 14
④ 21　⑤ 32

〔P. 26〕

① 1.4
② 3.5　③ 1.8
④ 1.5　⑤ 6.6

〔P. 27〕

① 8.5
② 7.2　③ 6.5
④ 6.5　⑤ 4.5

〔P. 28〕

① 0.5
② 0.6　③ 0.5
④ 0.5　⑤ 0.5

〔P. 29〕

① 0.75　② 0.92
③ 0.75　④ 0.75
⑤ 0.75　⑥ 0.25

〔P. 30〕

① 7あまり0.2　② 6あまり0.2
③ 8あまり0.2　④ 1あまり1.1
⑤ 2あまり0.6　⑥ 24あまり0.5
⑦ 57あまり0.2　⑧ 71あまり0.3

〔P. 31〕

① 1.85→1.9　② 2.14→2.1
③ 2.17→2.2　④ 7.11→7.1

〔P. 32〕

① 2.28→2.3　② 2.83→2.8
③ 4.29→4.3　④ 1.24→1.2

〔P. 33〕

① 4　② 4
③ 1.6　④ 0.64
⑤ 0.75　⑥ 0.25

〔P. 34〕

1 ① 37あまり1.3　② 14あまり2.4
2 ① 2.45→2.5　② 2.41→2.4

〔P. 35〕

① $\frac{1}{6}$　② $\frac{3}{7}$
③ $\frac{2}{5}$　④ $\frac{8}{9}$
⑤ $\frac{5}{3}$ $\left(1\frac{2}{3}\right)$　⑥ $\frac{10}{7}$ $\left(1\frac{3}{7}\right)$
⑦ $\frac{9}{4}$ $\left(2\frac{1}{4}\right)$　⑧ $\frac{11}{8}$ $\left(1\frac{3}{8}\right)$

〔P. 36〕

1 ① 0.4　② 1.5
③ 0.333…　④ 1.75

2 ① $\frac{3}{10}$　② $\frac{7}{10}$
③ $\frac{9}{100}$　④ $\frac{11}{100}$
⑤ $\frac{567}{1000}$　⑥ $\frac{1059}{1000}$

〔P. 37〕

① 6, 9　② 10, 15
③ 6, 7　④ 12, 2

〔P. 38〕

① $\frac{1}{2}$　② $\frac{6}{7}$　③ $\frac{4}{9}$
④ $\frac{1}{2}$　⑤ $\frac{1}{4}$　⑥ $\frac{2}{5}$
⑦ $\frac{1}{3}$　⑧ $\frac{1}{5}$　⑨ $\frac{5}{7}$
⑩ $\frac{1}{2}$　⑪ $\frac{3}{5}$　⑫ $\frac{1}{9}$
⑬ $\frac{1}{3}$　⑭ $\frac{3}{4}$　⑮ $\frac{1}{6}$
⑯ $\frac{1}{5}$　⑰ $\frac{3}{5}$　⑱ $\frac{1}{7}$

〔P. 39〕

① $\frac{3}{6}$, $\frac{2}{6}$　② $\frac{3}{12}$, $\frac{4}{12}$
③ $\frac{21}{28}$, $\frac{16}{28}$　④ $\frac{10}{15}$, $\frac{9}{15}$
⑤ $\frac{25}{30}$, $\frac{12}{30}$　⑥ $\frac{15}{20}$, $\frac{16}{20}$

〔P. 40〕

① $\frac{2}{4}$, $\frac{3}{4}$　② $\frac{3}{6}$, $\frac{5}{6}$
③ $\frac{6}{8}$, $\frac{1}{8}$　④ $\frac{6}{9}$, $\frac{5}{9}$
⑤ $\frac{3}{12}$, $\frac{7}{12}$　⑥ $\frac{9}{10}$, $\frac{8}{10}$

〔P. 41〕

① $\frac{3}{18}$, $\frac{2}{18}$　② $\frac{3}{12}$, $\frac{2}{12}$
③ $\frac{2}{18}$, $\frac{3}{18}$　④ $\frac{3}{30}$, $\frac{2}{30}$
⑤ $\frac{3}{24}$, $\frac{4}{24}$　⑥ $\frac{3}{24}$, $\frac{10}{24}$

〔P. 42〕

1 ① $\frac{14}{21}$、$\frac{6}{21}$
② $\frac{3}{9}$、$\frac{4}{9}$
③ $\frac{4}{24}$、$\frac{3}{24}$

④ $\frac{4}{42}$、$\frac{9}{42}$

2 ① $\frac{7}{9}$

② $\frac{7}{12}$

〔P. 43〕

1 $\frac{11}{12}$

2 ① $\frac{20}{21}$ ② $\frac{17}{20}$

③ $\frac{25}{28}$ ④ $\frac{11}{15}$

〔P. 44〕

1 $\frac{5}{9}$

2 ① $\frac{8}{15}$ ② $\frac{11}{12}$

③ $\frac{5}{14}$ ④ $\frac{7}{8}$

〔P. 45〕

1 $\frac{5}{12}$

2 ① $\frac{11}{20}$ ② $\frac{11}{12}$

③ $\frac{29}{40}$ ④ $\frac{7}{20}$

〔P. 46〕

1 ① $\frac{23}{20}=1\frac{3}{20}$ ② $\frac{7}{6}=1\frac{1}{6}$

③ $\frac{58}{35}=1\frac{23}{35}$ ④ $\frac{49}{40}=1\frac{9}{40}$

2 ① $4\frac{5}{12}$ ② $5\frac{1}{6}$

③ $5\frac{1}{12}$ ④ $7\frac{11}{24}$

〔P. 47〕

① $\frac{1}{42}$ ② $\frac{3}{35}$

③ $\frac{1}{15}$ ④ $\frac{5}{12}$

⑤ $\frac{5}{24}$ ⑥ $\frac{1}{18}$

⑦ $\frac{1}{21}$ ⑧ $\frac{5}{36}$

〔P. 48〕

① $\frac{2}{15}$ ② $\frac{5}{12}$

③ $\frac{2}{21}$ ④ $\frac{3}{32}$

⑤ $\frac{1}{9}$ ⑥ $\frac{3}{16}$

⑦ $\frac{1}{10}$ ⑧ $\frac{1}{14}$

〔P. 49〕

① $\frac{1}{12}$ ② $\frac{11}{24}$

③ $\frac{1}{18}$ ④ $\frac{7}{30}$

⑤ $\frac{7}{24}$ ⑥ $\frac{13}{36}$

⑦ $\frac{3}{40}$ ⑧ $\frac{1}{42}$

〔P. 50〕

1 ① $\frac{8}{15}$ ② $\frac{11}{14}$

③ $\frac{28}{45}$ ④ $\frac{23}{40}$

2 ① $1\frac{3}{14}$ ② $1\frac{1}{28}$

③ $1\frac{2}{15}$ ④ $1\frac{3}{20}$

〔P. 51〕

① $\frac{2}{5}$ ② $\frac{14}{15}$

③ $\frac{1}{4}$ ④ $\frac{2}{15}$

⑤ $\frac{1}{15}$ ⑥ $\frac{31}{30}\left(1\frac{1}{30}\right)$

〔P. 52〕

① $\frac{11}{30}$　② $\frac{9}{14}$

③ $\frac{7}{9}$　④ $\frac{9}{10}$

⑤ $\frac{13}{24}$　⑥ $\frac{13}{24}$

⑦ $4\frac{11}{24}$　⑧ $5\frac{11}{45}$

〔P. 53〕

① $\frac{7}{15}$　② $\frac{8}{21}$

③ $\frac{3}{16}$　④ $\frac{7}{12}$

⑤ $\frac{17}{24}$　⑥ $\frac{7}{48}$

⑦ $\frac{13}{14}$　⑧ $1\frac{31}{45}$

〔P. 54〕

① 3×2＝6　6個

② 3×2×2＝12　12個

③ 12cm³

〔P. 55〕

① 8×6×2＝96　96cm³

② 4×5×6＝120　120cm³

③ 8×2×10＝160　160cm³

〔P. 56〕

1 3×3×3＝27　27個，27cm³

2 ① 2×2×2＝8　8cm³

② 8×8×8＝512　512cm³

③ 5×5×5＝125　125cm³

〔P. 57〕

1 ㋐ 8×4×7＝224

㋑ 8×6×5＝240

㋐＋㋑ 224＋240＝464　464cm³

2 （解答例）

6×3×7＝126

6×5×4＝120

126＋120＝246　246cm³

〔P. 58〕

1 ㋒ 8×4×2＝64

㋓ 8×10×5＝400

㋒＋㋓ 64＋400＝464　464cm³

2 （解答例）

4×4×3＝48

4×10×4＝160

48＋160＝208　208cm³

〔P. 59〕

1 ㋔ 8×10×7＝560

㋕ 8×6×2＝96

㋔－㋕ 560－96＝464　464cm³

2 （解答例）

2×8×4＝64

2×2×2＝8

64－8＝56　56cm³

〔P. 60〕

① 2×2×2＝8　8m³

② 3×3×3＝27　27m³

③ 3×5×4＝60　60m³

〔P. 61〕

1 ① 1000000cm³

② 1000L

2 ① 4×4×3＝48

48m³，48000L

② 4×4×4＝64

64m³，64000L

〔P. 62〕

① 式 3×8×4＝96

3×2×2＝12

96－12＝84

答え 84cm³

② 式 8×10×6＝480

6×8×2＝96

480－96＝384

答え 384cm³

〔P. 63〕

（㋐、㋕）（㋑、㋔）（㋒、㋓）

〔P. 64〕

1 ① 頂点E

② 辺FD

③ 角D

2 ① 角A　60°　　角B　75°

角C　45°

② 辺AB　3cm

辺AC　4cm

〔P. 65〕

①

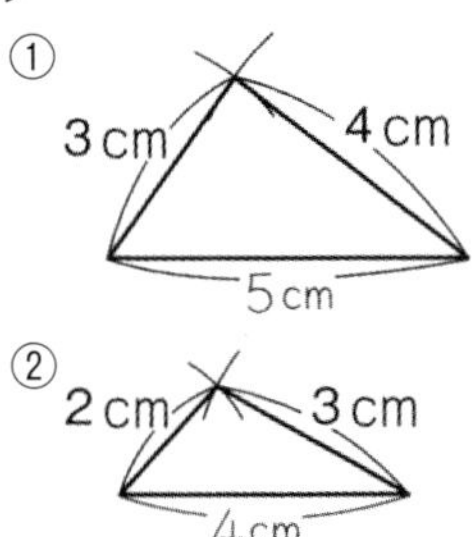

②

〔P. 66〕

①

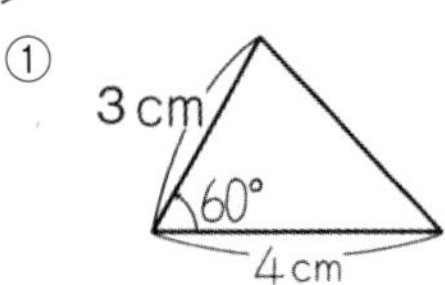

②

3cm
45°
5cm

〔P. 67〕

①

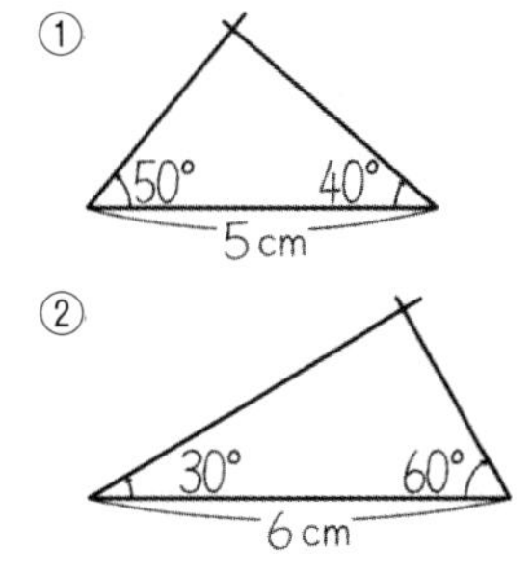

②

〔P. 68〕

（省略）

〔P. 69〕

1 ① 80+60+40=180

180°

※式の角の順は自由。

② 180°

2 ① 180°

② 180°

③ 60°

〔P. 70〕

1 360°

2 あ 120°

い 80°

う 120°

〔P. 71〕

1 ① 3個　② 540°

2

	三角形	四角形	五角形	六角形	七角形
対角線でできる三角形の数	1	2	3	4	5
角の大きさの和	180°	360°	540°	720°	900°

〔P. 72〕

①正三角形　②正方形　③正五角形

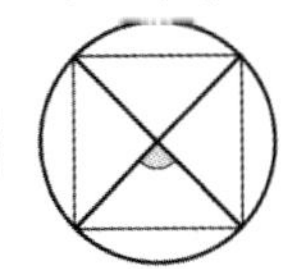

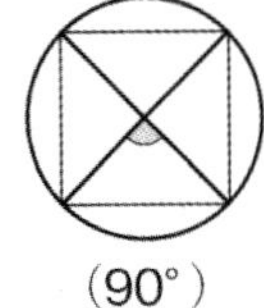

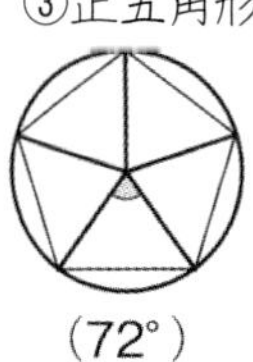

（120°）　（90°）　（72°）

④正六角形　⑤正八角形　⑥正九角形

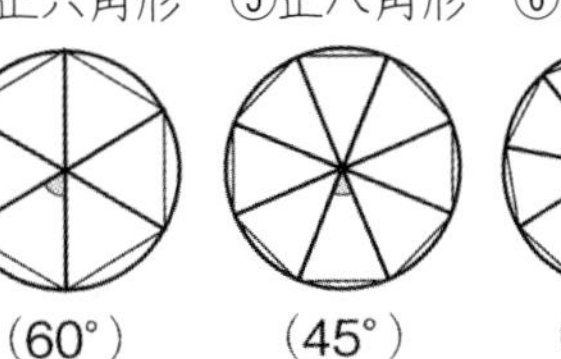

（60°）　（45°）　（40°）

〔P. 73〕

1 ① 60°

② い 60°　う 60°

③ 正三角形

④ 同じ

2 ① 3倍　② 円周

③ <

〔P. 74〕

8×3.14=25.12

25.12cm

〔P. 75〕

① 5×2×3.14=31.4

31.4cm

② 6×2×3.14=37.68

37.68cm

③ 8×2×3.14=50.24

50.24cm

〔P. 76〕

① 5×3=15　15cm²

② 3×4=12　12cm²

〔P. 77〕

1 ① イ　② ウ

③ ウ　④ イ

2 ① 3×5=15　15cm²

② 3×4=12　12cm²

〔P. 78〕

① 11×6÷2=33　33cm²

② 8×7÷2=28　28cm²

〔P. 79〕

① 4×3÷2=6　6cm²

② 5×4÷2=10　10cm²

③ 3×4÷2=6　6cm²

④ 3×4÷2=6　6cm²

〔P. 80〕

(2+5)×4÷2=14　14cm²

〔P. 81〕

① 4×5÷2=10　10cm²

② 6×3÷2=9　9cm²

※対角線×対角線は順番はどちらでもよい。

〔P. 82〕

① 式　7×3=21

答え　21m²

② 式　8×13÷2=52

答え　52cm²

③ 式　(7+3)×5÷2=25

答え　25cm²

④ 式　5×8÷2=20

答え　20cm²

〔P. 83〕

(解答例)

1 ① 10×7÷2=35

8×6÷2=24

35+24=59　59cm²

② 8×6÷2=24

8×3÷2=12

24+12=36　36cm²

2 ① 10×(3+2)÷2=25

10×2÷2=10

25−10=15　15cm²

② 10×(4+4)÷2=40

10×4÷2=20

40−20=20　20cm²

〔P. 84〕

1 21÷35=0.6　0.6

2 32÷40=0.8　0.8

3 90÷100=0.9　0.9

〔P. 85〕

1 ① 70÷35=2　2

② 35÷70=0.5　0.5

2 140÷200=0.7　0.7

〔P. 86〕

1 ① 2%　② 45%

③ 90%　④ 100%

⑤ 82%　⑥ 120%

⑦ 200%　⑧ 50%

2 ① 0.7　② 0.05

③ 1　④ 1.5

⑤ 0.5　⑥ 1.35

⑦ 2.2　⑧ 0.06

〔P. 87〕

1 35×0.6=21　21人

2 2000×0.75=1500　1500円

3 80×0.5=40　40個

〔P. 88〕

1 300÷0.3=1000　1000円

2 630÷0.7=900　900円

3 1062÷1.2=885　885人

〔P. 89〕

① 1000×0.7=700　700円

② 1000×(1−0.2)=800　800円

③ 1000−250=750　750円

④　A店

〔P. 90〕

①　㋐　40%　　㋑　25%

　　㋒　15%　　㋓　7%

　　㋔　3%

②　200×0.4=80　　80台

③　200×0.15=30　　30台

〔P. 91〕

1　（解答例）

　①　だんだん減っている。

　②　だんだん増えている。

2

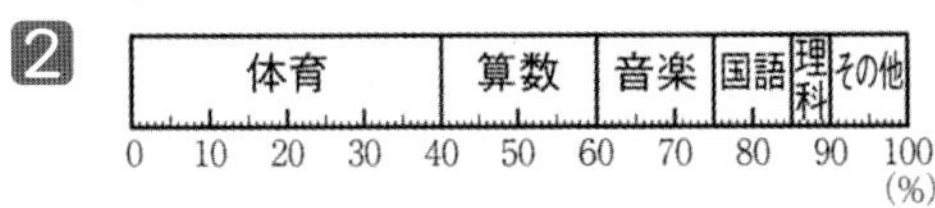

〔P. 92〕

①　45%　　②　18%

③　12%　　④　9%

⑤　16%

〔P. 93〕

①　30%

②　㋐　24%　　㋑　20%

　　㋒　16%

③　50×0.3=15　　15人

④　50×0.2=10　　10人

〔P. 94〕

1　㋐　32　　㋑　24　　㋒　16

　　㋓　10　　㋔　18

2

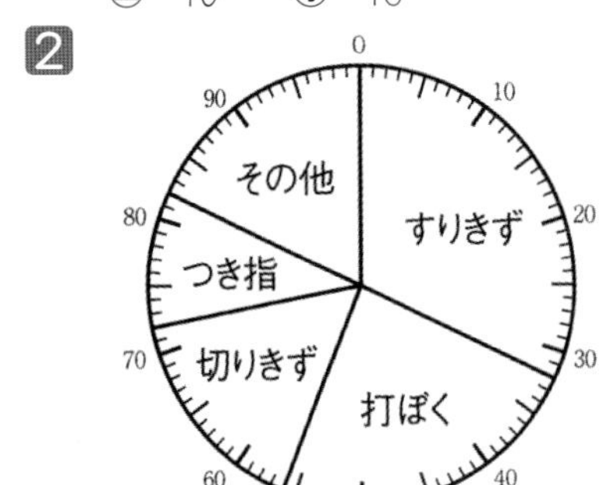

〔P. 95〕

1　(60+65+66+61+63)　÷5=63

　　　　　63g

2　(80+90+100+82)　÷4=88

　　　　　88点

3　(8+9+10+9+8+10)　÷6=9

　　　　　9点

〔P. 96〕

1　A：　900÷6=150

　　B：　800÷5=160

　　　　　Bグループ

2　A：　2400÷30=80

　　B：　2000÷20=100

　　　　　Bの箱

〔P. 97〕

1　①　90×9=810　　810点

　　②　(810+100)　÷10=91　　91点

2　(80×7+100)　÷8=82.5　　82.5点

〔P. 98〕

1　（式は例）

　　(16×18+26×22)÷(18+22)=21.5

　　　　　21.5m

2　（式は例）

　　(310−5×30)÷20=8　　8個

〔P. 99〕

①　朝

②　日曜日

③　㋐　660÷6=110　　110人

　　㋑　540÷6=90　　90人

　　㋒　660÷8=82.5　　82.5人

④　㋐

〔P. 100〕

①　1号室

②　3号室

③　㋐　3号室　　㋑　3号室

④　3号室→1号室→2号室

〔P. 101〕

1　1200÷6=200　　200円

2　700÷3.5=200　　200円

3　140÷0.7=200　　200円

4　赤　500÷2=250

　　青　900÷4=225

　　　　　青いリボン

〔P. 102〕

1 500÷4＝125　125g

2 360÷3＝120　120g

3 2000÷100＝20　20m²

4 500÷5＝100
2500÷100＝25　25m²

〔P. 103〕

1 600÷20＝30　30km

2 240÷30＝8　8L

3 A　840÷30＝28
B　550÷20＝27.5　車A

〔P. 104〕

1 24000÷8＝3000　3000人

2 74576÷5.1＝14622.7　14623人

3 89208÷2180＝40.9　41人

〔P. 105〕

1 ゆみさん

2 ゆうたさん

3 たけしさん　1050÷15＝70　70m
あきらさん　900÷12＝75　75m
あきらさん

〔P. 106〕

1 式　200÷4＝50
答え　時速50km

2 式　4000÷10＝400
答え　分速400m

3 式　1700÷5＝340
答え　秒速340m

〔P. 107〕

1 60×2＝120　120km

2 式　70×15＝1050
答え　1050m

3 式　340×6＝2040
答え　2040m

〔P. 108〕

1 式　150÷50＝3
答え　3時間

2 式　600÷50＝12
答え　12分

3 式　1700÷340＝5
答え　5秒

〔P. 109〕

1 8400÷60＝140　1秒間に140m

2 ①　600　②　36
③　75　④　270
⑤　240　⑥　14400

3 A　50÷2＝25
B　120÷5＝24
答え　A

〔P. 110〕

1 式　30÷2＝15
答え　時速15km

2 式　2100÷20＝105
答え　分速105m

3 式　750×4＝3000
答え　3000m

4 式　1050÷70＝15
答え　15分

〔P. 111〕

1 式　450÷5＝90
答え　時速90km

2 式　180×5＝900
答え　900km

3 式　180÷60＝3
答え　3時間

4 式　540÷180＝3
答え　3時間

〔P. 112〕

1

水の量□(L)	1	2	3	4	5	6	7	8
水の深さ○(cm)	3	6	9	12	15	18	21	24

①　2倍　②　3倍　③　4倍

2 ①

本数□(本)	1	2	3	4	5	6
代金○(円)	40	80	120	160	200	240

②　$\frac{1}{2}$

〔P. 113〕

①　底面　②　側面

③　底面

〔P. 114〕

①　長方形　　②　長方形

〔P. 115〕

①

	㋐	㋑	㋒
立体の名前	**三角柱**	**五角柱**	**円柱**
頂点の数	6	10	
辺の数	9	15	
側面の数	3	5	1
底面の形	**三角形**	**五角形**	**円**

②

〔P. 116〕

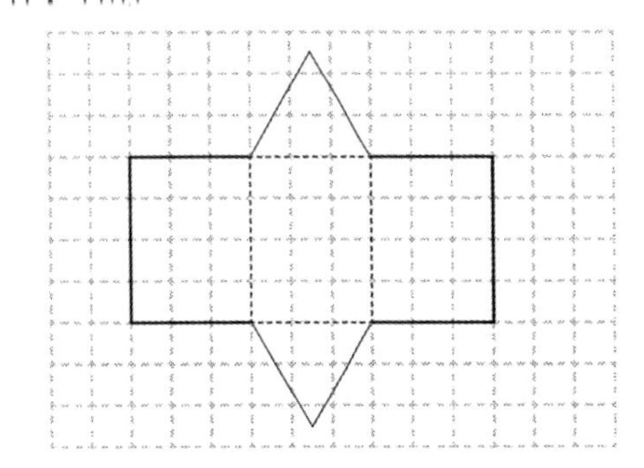

〔P. 117〕（解答例）

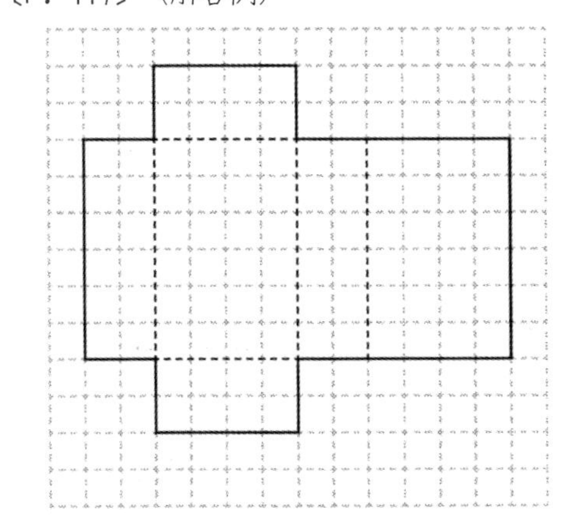